番茄组蛋白去乙酰化酶家族基因 *SlHDA1* 和 *SlHDT3* 的功能研究

郭俊娥　著

吉林大学出版社
·长　春·

图书在版编目（CIP）数据

番茄组蛋白去乙酰化酶家族基因 SlHDA1 和 SlHDT3 的功能研究 / 郭俊娥著 .—长春 : 吉林大学出版社，2021.10

ISBN 978-7-5692-9156-8

Ⅰ . ①番…　Ⅱ . ①郭…　Ⅲ . ①番茄—组蛋白—基因—研究　Ⅳ . ① S641.201

中国版本图书馆 CIP 数据核字（2021）第 226639 号

书　　名　番茄组蛋白去乙酰化酶家族基因 *SlHDA1* 和 *SlHDT3* 的功能研究
　　　　　FANQIE ZUDANBAI QUYIXIANHUAMEI JIAZU JIYIN
　　　　　SlHDA1 HE SlHDT3 DE GONGNENG YANJIU

作　　者　郭俊娥　著
策划编辑　张文涛
责任编辑　樊俊恒
责任校对　刘守秀
装帧设计　马静静
出版发行　吉林大学出版社
社　　址　长春市人民大街 4059 号
邮政编码　130021
发行电话　0431-89580028/29/21
网　　址　http://www.jlup.com.cn
电子邮箱　jldxcbs@sina.com
印　　刷　三河市德贤弘印务有限公司
开　　本　787mm × 1092mm　1/16
印　　张　14.25
字　　数　160 千字
版　　次　2022 年 3 月　第 1 版
印　　次　2022 年 3 月　第 1 次
书　　号　ISBN 978-7-5692-9156-8
定　　价　168.00 元

前　言

组蛋白乙酰化和去乙酰化是在赖氨酸的诱导下进行的一种可逆的转录后调控修饰。组蛋白乙酰化作用和去乙酰化作用通常是通过改变 DNA 及与 DNA 结合的转录因子之间的结合能力来改变基因活性。组蛋白乙酰化作用往往跟基因转录激活相关，而组蛋白去乙酰化作用则与转录抑制有关，它们之间的调控主要通过组蛋白乙酰化酶与组蛋白去乙酰化酶的相互作用来进行。目前有关组蛋白去乙酰化酶基因的功能研究已取得很大进展，但主要集中于模式植物拟南芥和水稻中，在番茄中还未见关于组蛋白去乙酰化酶基因功能的详尽报道。根据它们的氨基酸序列比对同源分析，将组蛋白去乙酰化酶分为三个亚家族，分别为 RPD3/HDA1 亚家族、HD2 亚家族以及 SIR2 亚家族。目前的研究发现，组蛋白去乙酰化酶基因在拟南芥中有 18 个，水稻中有 18 个，玉米中有 5 个，番茄中有 14 个。本研究在茄科数据库 SGN 中成功筛选鉴定出 14 个番茄组蛋白去乙酰化酶基因，其中 9 个属于 RPD3/HDA1 亚家族基因，分别为 *SlHDA1* ~ *SlHDA9*；3 个属于 HD2 亚家族，分别为 *SlHDT1* ~ *SlHDT3*；2 个属于 SIR2 亚家族，分别为 *SIR1* 和 *SIR2*。随后，对 9 个属于 RPD3/HDA1 亚家族基因的基因结构、分子特征、系统进化关系以及组织表达模式和多种非生物胁迫响应表达模式等进行了系统分析。研究发现，它们编码的氨基酸序列与已知的拟南芥中组蛋白去乙酰化酶基因相关蛋白的氨基酸序列具有很高的相似性，每一个基因都能找到对应的同源基因。定量 PCR（聚合酶链式反应，polymerase chain reaction）分析结果表明，这 9 个 *SlHDACs* 基因均为非特异性表达基因，无明显的组织特异性表达特征，说明它们广泛参与了番茄各个阶段的生长发育过程，在番茄生命周期中发挥着重要的作用。同时，*SlHDA1* ~ *SlHDA9* 基因的表达也受多种非生物胁迫的诱导，包括盐、高温、低温和脱水。这些结果为进一步探索组蛋白去乙酰化酶基因在番茄生长发育以及环境逆境胁迫响应中的功能提供了有价值的信息。

根据组织表达模式分析结果，我们筛选出了 *SlHDA1* 基因，它在果实发育与成熟过程中青果期少量表达，在果实成熟期高量表达，表明 *SlHDA1* 基因可能参与了果实的成熟调控过程。本研究中，我们通过 RNAi 技术抑制了 *SlHDA1* 基因在番茄中的表达。*SlHDA1*-RNAi 转基因果实表现出果实成熟加快以及果实贮藏期变短的表型。类胡萝卜素积累量增加，乙烯合成量增加。同时，类胡萝卜素合成相关基因、乙烯合成相关基因、果实成熟相关基因及果壁代谢相关基因的表达水平被不同程度地上调。ACC 处理后，与野生型相比，*SlHDA1*-RNAi 转基因番茄幼苗的根和下胚轴的长度明显变短。这些结果表明，*SlHDA1* 基因在果实成熟过程中起负调控作用，通过影响类胡萝卜素的积累以及乙烯的生物合成参与调控番茄果实的成熟过程。

农业生产中，作物的生长和产量往往会受多种非生物胁迫的影响，尤其是盐和干旱。组蛋白去乙酰化酶基因在多种胁迫响应中发挥着重要作用。但是，目前为止，很少有番茄组蛋白去乙酰化酶基因胁迫响应的报道。*SlHDA1* ~ *SlHDA9* 基因多种非生物胁迫表达模式分析结果表明，*SlHDA1* 基因的表达受盐和脱水胁迫的显著诱导。为了进一步分析验证 *SlHDA1* 基因在番茄非生物胁迫响应中的功能，我们分别比较了盐和干旱胁迫对野生型和 *SlHDA1*-RNAi 转基因植株生长的影响。结果表明，在种子萌发后的生长阶段，与野生型相比，*SlHDA1*-RNAi 转基因番茄幼苗根和下胚轴的生长明显被 NaCl 和 ABA 抑制。土壤中 *SlHDA1*-RNAi 转基因番茄植株的盐和干旱胁迫耐受力降低，主要表现为相对含水量降低，叶绿素降解加快，叶片失水速率加快。此外，胁迫响应相关基因在 *SlHDA1*-RNAi 转基因植株中的表达被明显下调。这些结果表明，*SlHDA1* 基因在番茄盐和干旱胁迫耐受响应中是依赖于 ABA 信号途径并作为正调控因子发挥作用的，在今后改良番茄盐和干旱胁迫耐受力中具有一定的应用价值。

HD2 亚家族基因是植物特异的组蛋白去乙酰化酶基因，在植物体胁迫响应及生长发育过程中起重要作用。我们对该家族的三个基因 *SlHDT1* ~ *SlHDT3* 进行了分子特征、系统进化关系、氨基酸序列比对，并对 *SlHDT1* 和 *SlHDT3* 基因组织表达模式和多种非生物胁迫的响应等进行了系统分析。发现该家族成员相对保守，都包含有相同的活性位点。*SlHDT1* 和 *SlHDT3* 基因定量 PCR 分析结果表明，这两个 *SlHD2s* 基因均在果实中特异性表达，表明它们可能参与果实发育与成熟过程。同时，*SlHDT1* 和 *SlHDT3* 基因的转录水平也会受到多种非生物胁迫的诱导，如盐、高温、低温和脱水。

为了深入探究 HD2 亚家族基因在番茄中的功能，我们对 *SlHDT3* 基因进行了番茄 RNAi 干扰沉默载体构建。*SlHDT3*-RNAi 转基因番茄表现出果实成熟时间推迟、果实贮藏期变长的表型。类胡萝卜素积累量减少（通过改变类胡萝卜素的代谢去向），乙烯合成量减少。同时，类胡萝卜素合成相关基因、乙烯合成相关基因、果实成熟相关基因及果壁代谢相关基因的表达水平被明显下调。此外，*SlHDT3* 基因的表达不受突变位点的影响，也不受乙烯的诱导。这些结果表明，*SlHDT3* 基因在果实成熟过程中起正调控作用，通过影响类胡萝卜素的积累以及乙烯的生物合成参与调控番茄果实的成熟过程，并且该基因在果实成熟调控网络中位于 *SlMADS-RIN* 的上游。

综上所述，本研究进一步在番茄中分离鉴定出 9 个组蛋白去乙酰化酶基因 RPD3/HDA1 亚家族成员，并对其中 *SlHDA1* 基因在番茄果实成熟和非生物胁迫响应以及 HD2s 亚家族成员 *SlHDT3* 基因在番茄果实成熟中的功能和机制进行了初步的探究，为全面阐释 *SlHDA1* 和 *SlHDT3* 基因在番茄植物果实成熟和非生物胁迫响应过程中的功能和机理奠定了基础。

本书的撰写得到很多专家学者的支持和帮助，在此深表谢意。本书部分内容参考和借鉴了国内外学者的一些相关理论研究成果，并引用了互联网中相关理论，在这里对他们也一并表示衷心感谢！本人在撰写过程中，虽极力丰富本书内容，力求著作的完美无瑕，但仍难免存在疏漏和不足之处，还望各位同仁斧正。

作 者

2021 年 7 月

目　录

第 2 章　番茄组蛋白去乙酰化酶基因的筛选与表达分析

第 3 章　*SlHDA1* 基因的功能研究

缩略词表

英文缩写	英文全称	中文名称
AC^{++}	*Solanum lycopersicum* Mill. var. ailsa Craig	野生型番茄
Amp	ampicillin	氨苄青霉素
ABA	abscisic acid	脱落酸
ACC	1–aminocyclopropane–1–carboxylic acid	1– 氨基环丙烷 –1– 羧酸
ACO	1–aminocyclopropane–1–carboxylate oxidase	ACC 氧化酶
ACS	1–aminocyclopropane–1–carboxylate synthase	ACC 合成酶
APX	ascorbate peroxidase	抗坏血酸过氧化物酶
B	breaker	破色期
B+4	breaker+4	破色期后四天
B+7	breaker+7	破色期后七天
Carb	carbenicillin	羧苄西林
CAT	catalase	过氧化氢酶
cDNA	complementary DNA	互补 DNA
Chl	chlorophyll	叶绿素
DEPC	diethyl pyrocarbonate	焦碳酸二乙酯
DNA	deoxyribonucleic acid	脱氧核糖核酸
DPA	days post anthesis	授粉后的天数
EDTA	ethylene diamine tetracetic acid	乙二胺四乙酸
ERF	ethylene response factor	乙烯响应因子
Fl	flower	花
FM	floral meristem	花分生组织
GA_3	gibberellin	赤霉素
gf	*green flesh*	番茄滞绿突变体
GUS	β –glucuronidase	β – 葡萄糖苷酶基因

续表

英文缩写	英文全称	中文名称
HDAC	histone deacetylase	组蛋白去乙酰化酶
IAA	indole acetic acid	吲哚乙酸
IMG	immature green	未成熟青果期
Kan	kanamycin	卡那霉素
LB	Luria–Bertani medium	LB 培养基
MeJA	methyl jasmonate	茉莉酸甲酯
MG	mature green	绿熟期果实
ML	mature leaves	成熟叶
MS	Murashige and Skoog medium	MS 培养基
Nr	*Never ripe*	果实永不成熟突变体
OD	optical dencity	光学密度
ORF	open reading frame	开放阅读框
Rif	rifampicin	利福平
rin	*ripening inhibitor*	果实成熟抑制突变体
RNAi	RNA interference	RNA 干扰
Ro	root	根
ROS	reactive oxygen species	活性氧
RWC	relative water content	相对含水量
SAM	*S*–adenosylmethionine	*S*– 腺苷甲硫氨酸
SAM	shoot apical meristems	茎端分生组织
Se	sepal	萼片
SF	superfamily	超家族
SL	senescent leaves	老叶
SM	streptomycin	链霉素
St	stem	茎
WT	wild type	野生型
YL	young leaves	幼叶
ZT	zeatin	玉米素

第1章

绪　论

1.1 番茄果实成熟研究进展

果实成熟是指在果实完成生长发育后的一系列生理生化反应过程的综合，主要包括果实的色泽、气味、口感以及风味物质的变化。这一过程主要受内源激素、基因调控以及外源信号如温度、光照以及水分等的影响（Breitel et al., 2016；Hao et al., 2015；Costa et al., 2010）。果实成熟可以根据成熟过程中乙烯的释放量分为呼吸跃变型果实和非呼吸跃变型果实两种（Giovannoni 2001）。在果实成熟的最初阶段，呼吸跃变型果实如香蕉、梨、苹果及番茄中会有大量的乙烯释放，并形成一个明显的呼吸峰。而在非呼吸跃变型果实如草莓、葡萄、柑橘、柠檬以及辣椒中，并没有呼吸峰的产生，而且这类果实的成熟也不会受乙烯的影响。

番茄之所以成为研究呼吸跃变型果实的最佳模式生物，是因为它自身基因组小、自花授粉、生长周期短、遗传转化体系成熟、成熟突变体研究材料充足、遗传图谱丰富以及已经完成的基因组测序（Fray and Grierson 1993；Moore et al., 2002；Kimura and Sinha 2008；Sato et al., 2012；Giovannoni 2007）。番茄果实成熟的研究，有利于我们更好地理解并掌握呼吸跃变型果实的成熟机制，进一步丰富番茄果实成熟调控网络理论。

1.1.1　乙烯与番茄果实成熟

研究表明，在番茄果实成熟过程中，施加外源乙烯或者乙烯同源物质可以加快果实成熟；相反，施加乙烯抑制剂则会抑制果实的成熟衰老（Oetiker and Yang 1995）。作为植物体内唯一的气体激素，乙烯在呼吸跃变型果实成熟过程中起着至关重要的作用（Chen et al., 2005；Pech et al., 2008）。

1.1.1.1　乙烯的生物合成

植物体内乙烯的生物合成是一个多酶促反应，并由相关基因调控生物反应过程（图 1.1）。首先在腺苷蛋氨酸合成酶的作用下将植物体内的蛋氨酸（Met）转化为 *S*- 腺苷蛋氨酸（SAM），然后在 ACC 合成酶（ACS）的作用下将 *S*- 腺苷蛋氨酸（SAM）转化为 1- 氨基环丙烷 -1- 羧酸（ACC, 1-aminocyclopropane-1-carboxylic acid），最终通过 1- 氨基环丙烷 -1- 羧酸氧化酶（ACO）的催化作用将 1- 氨基环丙烷 -1- 羧酸（ACC）转化为乙烯。此过程中 SAM 在各组织器官中的含量比较稳定，不会对乙烯的合成造成过大的影响，不是乙烯合成过程中的限速酶（罗云波 2010）。而 ACC 的合成是乙烯生物合成的关键物质，ACC 合成酶（ACS）和 ACC 氧化酶（ACO）也是乙烯生物合成中的两个关键限速酶（Nakatsuka et al., 1998；Yang and Hoffman 1984；Cara and Giovannoni 2008）。

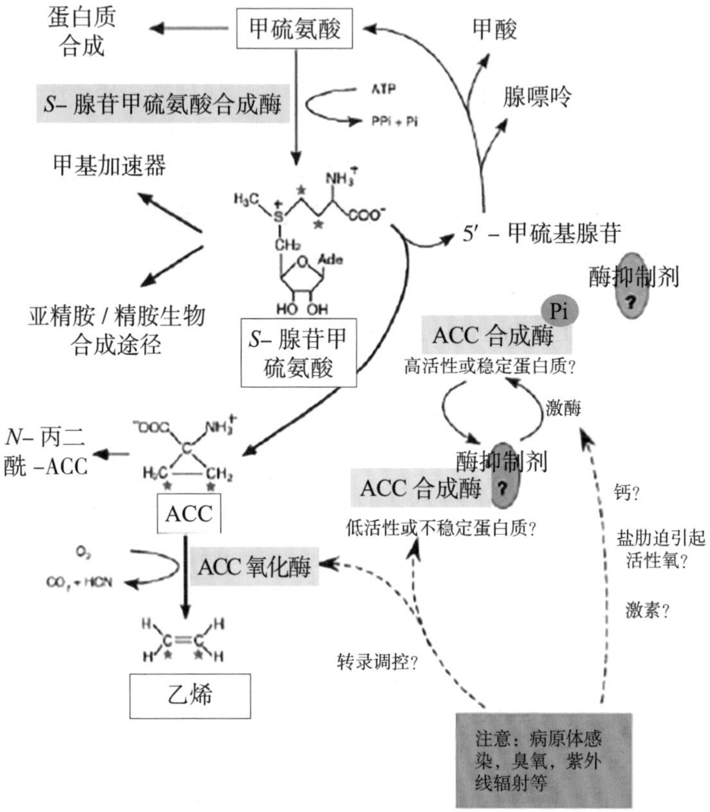

图1.1　乙烯的合成途径与调控方式（Wang et al., 2002）

乙烯生物合成途径中的关键酶 ACS 和 ACO 均属于具有表达特异性的多基因家族成员。迄今为止，番茄中已克隆出 9 个 ACS 基因，分别为 *SlACS1A*、*SlACS1B* 和 *SlACS2* ~ *SlACS8*。同时 6 个 ACO 基因的克隆也已经完成，分别为 *SlACO1* ~ *SlACO6*。根据果实成熟过程中有无自主呼吸增强及乙烯合成量的变化，可将乙烯合成分为两个系统，即系统Ⅰ和Ⅱ，系统Ⅱ中ACS和ACO酶活性明显高于系统Ⅰ。其中，系统Ⅰ存在于非呼吸跃变型果实和呼吸跃变型果实未成熟的果实中，不能进行自主呼吸，乙烯产物比较稳定，主要调控植物体基本的乙烯生物合成水平，在植物体生长发育与多种胁迫响应过程中起重要作用。系统Ⅱ则是在呼吸跃变型果实成熟的一瞬间自主呼吸迅速增强，并且释放大量的乙烯来促进果实的成熟，在花的凋亡和果实成熟中发挥着重要作用（Barry et al., 2000）。研究表明，这些已经克隆的基因并不一定在系统Ⅰ和系统Ⅱ中都发挥着重要作用。如 *SlACS2* 与 *SlACS4* 在系统Ⅱ中发挥作用，*SlACS1A* 与 *SlACS6* 在系统Ⅰ中发挥作用，而 *SlACO4* 与 *SlACO1* 作用于系统Ⅰ和Ⅱ及两者之间的过渡阶段（Cara and Giovannoni 2008）。抑制 *SlACS2* 基因的表达，番茄果实中乙烯生物合成量减少，果实成熟受到抑制（Alexander and Grierson 2002）；沉默 *SlACO1* 也会导致果实成熟延迟（Hamilton et al., 1990；Giovannoni 2001）。

1.1.1.2 乙烯的信号转导

乙烯在植物中发挥生物学功能的一个最主要途径是通过信号转导，主要通过植物体对乙烯的感知与响应来完成。目前，人们对乙烯信号转导已经有了一定程度的了解，多个重要的乙烯信号转导组件已被确认，乙烯信号转导途径也已被初步阐明（Chen et al., 2005；Hall et al., 2007；Bleecker 1999；Bleecker and Kende 2000），即 C_2H_4 → ETRs → CTR → EIN2 → EIN3/EILs → ERFs →

乙烯反应（图 1.2）。这一过程主要包括以下几个步骤：首先乙烯（C_2H_4）被乙烯受体（ETRs）感知，使得乙烯受体负调控下游的 CTR 并抑制其活性，进而消除了对 EIN2 的抑制，激活了 EIN3/EILs，EIN3/EILs 进一步激活 ERFs ，促进了果实成熟过程中的一系列乙烯反应（Bapat et al., 2010；Shakeel et al., 2013）。

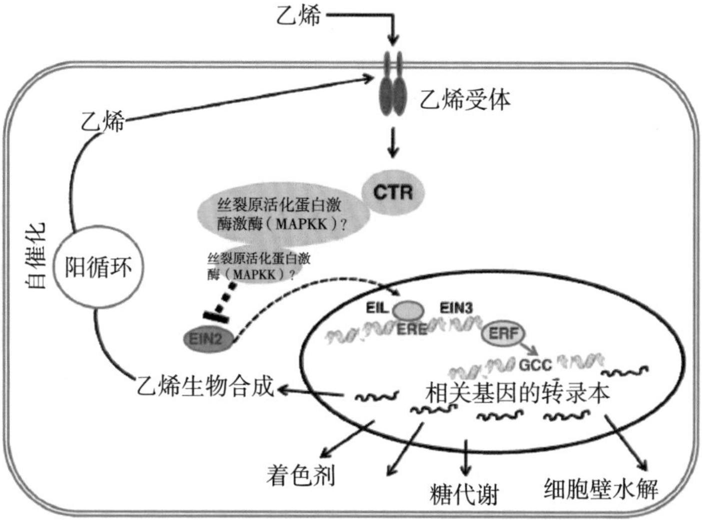

图1.2　乙烯转导路径（Bapat et al., 2010）

ETR 是位于乙烯信号途径最上游的组件。在 AtETR 功能缺失突变体中乙烯反应明显增强，表明 ETR 在乙烯信号转导途径中是作为负调控因子发挥作用的（Hua et al., 1998）。迄今为止，已经有 7 个 ETR 的基因被科研人员成功克隆，即 *SlETR1*～*SlETR7*，其中番茄 *SlETR3* 突变体也是 *Nr*（*Never-ripe*）

突变体。由于 *SlETR3* 基因的错义突变阻断了乙烯的正常转导，使得 *Nr*（*Never-ripe*）突变体果实成熟不正常（Wilkinson et al., 1995），说明 *SlETR3* 是乙烯信号转导负调控因子，这为进一步证实 ETR 是乙烯负调控因子提供了依据。

编码 Raf 蛋白激酶的 CTR 是 ETR 下游组件，在乙烯信号转导途径中为负调控因子（Alonso et al., 1999；Kieber et al., 1993）。在无乙烯状态下，CTR 的 N 端结合乙烯受体的 C 端，使得 CTR 的负调控活性被激发，从而阻断或抑制乙烯的信号转导；相反，有乙烯存在时，乙烯受体与 CTR 的结合会使 CTR 的激活能力受到抑制甚至丧失，进而促进乙烯信号向下游组件转导来促进乙烯反应（Alexander and Grierson 2002；Adams-Phillips et al., 2004）。目前番茄中已经克隆出四个 CTR 蛋白编码基因，分别为 *SlCTR1* ~ *SlCTR4*。其中，*SlCTR1* 对外源乙烯比较敏感，在果实中特异性表达，在果实的成熟过程中表达量逐渐增强。CTR1 作为编码 Raf 家族蛋白激酶中的成员之一，乙烯信号的传递是否依赖于 MAPK 级联反应以及通过何种途径向下游基因传递仍有待研究。

EIN2 和 EIN3/EILs 是 CTR 下游的乙烯信号转导重要组件，在乙烯信号转导过程中起重要作用。EIN2 是乙烯信号转导途径中第一个正调控因子，同时在抗逆和乙烯信号转导中起作用。*AtEIN2* 基因发生突变会导致乙烯信号转导过程完全被中断（Alonso et al., 1999），本课题组对番茄 *SlEIN2* 基因的研究结果表明，协同抑制（co-suppression）*SlEIN2* 基因也会导致果实成熟相关基因受到抑制，进而影响乙烯反应（Hu et al., 2010；Wang et al., 2007）。EIN3/EILs 位于 EIN2 下游，在番茄中已经分离出 4 个 EIN3 同源基因，这些基因在乙烯信号转导过程中具有高度的功能保守性，但是在参与乙烯信号转导过程中如何接收 EIN2 信号依然不清楚。

ERF 转录因子作为乙烯信号转导途径中最下游的参与元件，广泛参与植物果实成熟过程中乙烯调控与生物胁迫及非生物胁迫响应。目前，在番茄中已经有 9 个 ERF 家族基因被克隆，分别为 *SlERF1* ~ *SlERF6* 和 *Pti4* ~ *Pti6*（Lee et al., 2012；Chen et al., 2004）。其中，超表达 *SlERF1* 后番茄植株耐盐性提高（Lu et al., 2011）；*SlERF2* 参与了番茄种子萌发（Pirrello et al., 2006）与植株的冷胁迫响应（Zhang and Huang 2010）；而番茄中 *SlERF3* 和 *SlERF4* 基因通常参与植物胁迫的响应（Pan et al., 2010）。另外，本实验也对 *SlERF5* 基因功能进行了研究，结果表明，超表达该基因能显著提高番茄植株的抗盐和抗干旱能力（Pan et al., 2012）。最近有关 ERF 家族转录因子的研究表明，在 *SlERF6* 基因的沉默株系中，番茄果实的正常成熟受到影响，乙烯和类胡萝卜素含量均有提高（Lee et al., 2012）。尽管 ERF 家族转录因子在结构上相对保守，具有 ERF 结构域，但是在功能上却存在着明显的差异。

在乙烯信号转导途径中，除了以上五类不同级别重要组件，还有一些其他乙烯信号转导相关基因被陆续克隆，并被证实直接调控或参与修饰乙烯信号转导途径，如RTE1、ETP1/2、RAN1、EBF1/2及EIN5等，这为乙烯信号转导途径的丰富和完善提供了理论基础。

1.1.2 色素代谢与果实成熟

番茄果实成熟过程中色泽的变化主要是由于叶绿素的降解和类胡萝卜的生物合成（图1.3）。

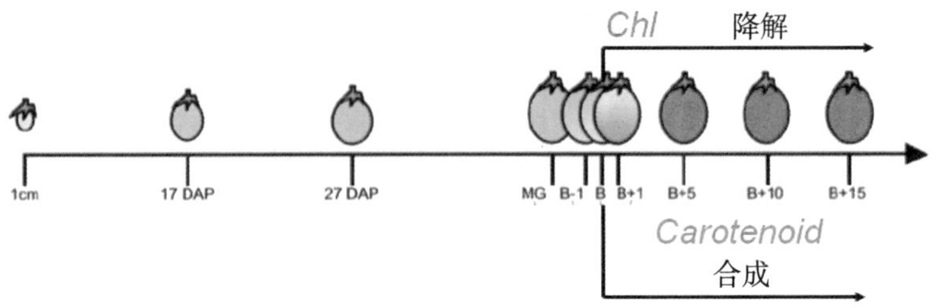

图1.3 番茄果实成熟过程中色素的变化

（Alexander et al. 2002）

根据果实的色泽可以将番茄果实发育和成熟过程分为5个不同的阶段，具体为绿熟期、白熟期、破色期、红色成熟期和完熟期（Alba et al., 2000）。破色期，果实完成发育开始成熟，叶绿体也开始在结构和功能方面发生变化，转化为有色体。这一质体的转化使得叶绿素被降解的同时类胡萝卜素开始合成，果实开始由绿到红的色泽转变。

叶绿体的降解过程可以分为以下三个步骤：首先，叶绿素 a（Chl a）可通过叶绿素酶的作用转为叶绿素酸酯 a；其次，脱镁螯合酶可将镁离子移除，使得叶绿素酸酯 a 转变为脱镁叶绿酸 a；最后，在脱镁叶绿酸氧化酶和红色叶绿素代谢产物还原酶的共同作用下将卟啉大环裂解。叶绿素的这一代谢途径被称为 PaO 途径（Eckhardt et al., 2004; 沈成国 2001；Hoertensteiner 2006；Matile et al., 1999）。其中，卟啉大环的裂解是果实叶绿素降解的关键，同时促使果实发育过程中果实色泽由深绿色向浅绿色（绿熟期到白熟期）转变。

番茄果实成熟过程中，类胡萝卜素快速而大量的累积导致了果实的色泽由绿变红。其中，类胡萝卜素中两种最主要的色素为 β－胡萝卜素（橙色）和番茄红素（红色）（Giovannoni 2001）。类胡萝卜素在植物体内的合成代谢途径是一个复杂的调控过程，具体代谢途径见图 1.4。在类胡萝卜素代谢途径中，番茄红素的环化是一个重要的分支点：其中一个分支受番茄红素 β－环化酶（chromoplast-specific lycopene-β-cyclase, CYC-B）合成基因和番茄红素 β－环化酶（chloroplast-specific lycopene-β-cyclases, LCY-B）合成基因调控，产生 β－胡萝卜素及其衍生物叶黄素；另一个分支产生 α－胡萝卜素和叶黄素，受番茄红素 ε－环化酶（LCY-E）合成基因和番茄红素 β－环化酶（chloroplast-specific lycopene-β - cyclases, LCY-B）合成基因的调控（Hirschberg 2001）。

此外，在类胡萝卜素合成代谢途径中，PSY1 是最主要的调控因子，是类胡萝卜素合成途径中的关键调节酶，番茄红素和 β－胡萝卜素的相对含量受 PSY1 的调控。同时，也有研究表明，类胡萝卜素的生物合成受乙烯的调控，*PSY1* 基因的表达也受乙烯反应的诱导（Ronen et al., 2000；Alba et al., 2005）。

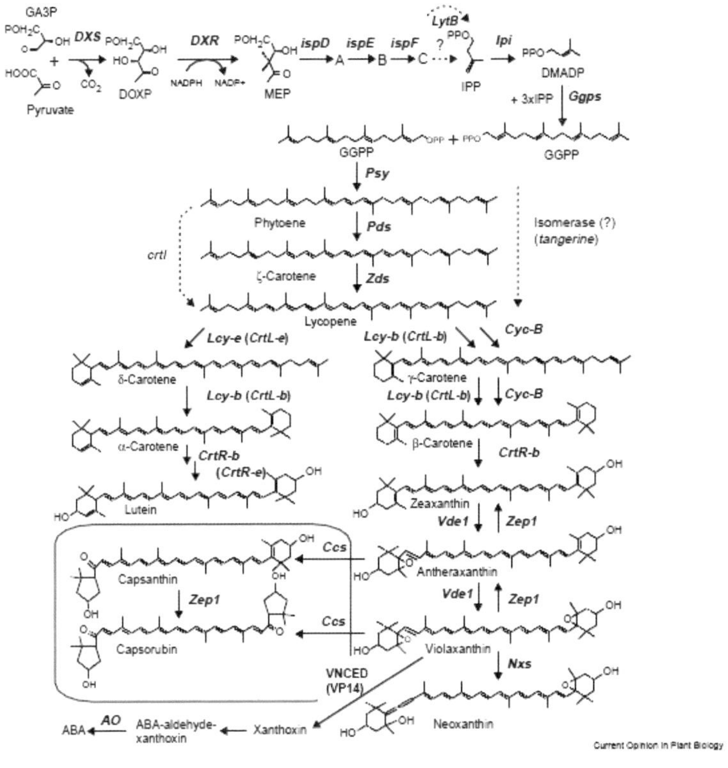

图1.4　类胡萝卜合成代谢途径（Hirschberg 2001）

1.1.3　番茄果实突变体与果实成熟

番茄果实成熟过程中产生的大量果实成熟相关突变体，不仅有助于我们对果实成熟机理的研究，在番茄育种方面也有很好的应用价值。目前，常用的番茄果实成熟突变体材料有以下几种。

Nr（*Never-ripe*）: 永不成熟突变体，主要表型为果实成熟被推迟，或者不完全成熟。该突变体的形成是由于乙烯信号转导途径中乙烯受体基因 *SlETR3* 突变，影响了果实的正常成熟（Wilkinson et al., 1995）。

rin（*ripening-inhibitor*）: 成熟抑制突变体，主要表型为果实不成熟，萼片变大。之前的研究表明，该突变体的表型是受 MADS–box 转录因子家族中的两个基因，即 *SlMADS-RIN* 和 *SlMADS-MC* 调控的，其中 *SlMADS-RIN* 调控果实成熟，*SlMADS-MC* 调控果实萼片发育（Vrebalov et al., 2002）。

nor（*non-ripening*）: 不成熟突变体，主要表型为果实成熟不正常。是由一个植物特异的 NAC 家族转录因子基因突变而来，具体突变机理尚不明确（Tigchelaar et al., 1973）。

Cnr（*Colorless non-ripening*）: 无色不成熟突变体，主要表型为成熟后的果实呈现黄色。该突变体的形成是由于一个 SBP–box 启动子序列的过度甲基化使得 *SPL-CNR* 基因的转录过程出现异常，导致果实不能够正常成熟（Manning et al., 2006）。

除了以上几种重要的果实突变体，番茄中还有其他的果实突变体。果实成熟调控机理也随着这些突变体的发现而逐渐被阐明。结合果实成熟与乙烯信号转导模型，一个相对完善的果实成熟信号调控模型被提出（图 1.5）。结合该模型我们发现，除了 *Nr* 突变体位于乙烯信号转导的下游，大多数的突变体位于乙烯信号的上游。

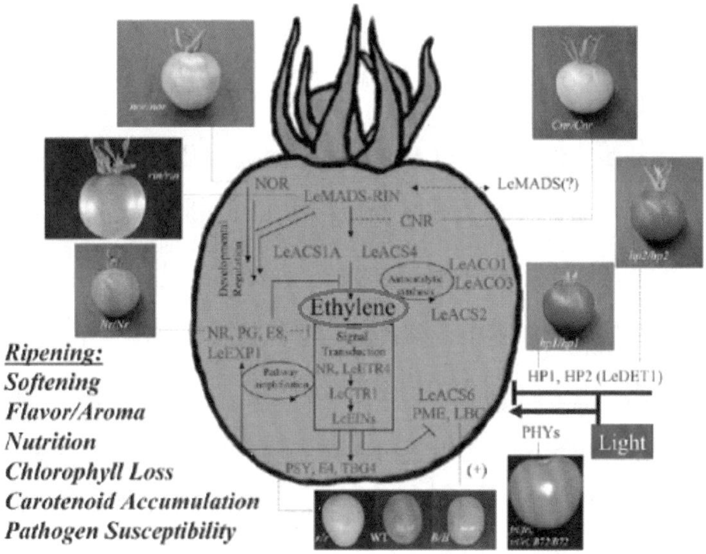

图1.5　番茄果实成熟调控模型（Giovannoni 2004）

虽然该模型的提出相对地完善了果实成熟机理，却未能向我们展示表观遗传学在果实成熟中的作用。对于 DNA 甲基化、组蛋白修饰以及非编码 RNA 在果实成熟过程中的调控机制及其作用途径有待更深入的研究（Gallusci et al., 2016）。

1.2 组蛋白去乙酰化酶研究进展

1.2.1 组蛋白乙酰化修饰

表观遗传学是指在不改变 DNA 序列的情况下，基因的表达和功能发生了可遗传的变化。虽然 DNA 序列未发生任何改变，但是在一些共价修饰如组蛋白修饰、DNA 甲基化、非编码 RNA 以及染色质重塑等的表观学调控作用下共同调控基因转录。其中，组蛋白修饰是表观遗传学的一个重要内容。

在真核生物细胞中，染色质是遗传物质的载体，是 DNA 与组蛋白或非组蛋白共同作用形成的复合物。核小体作为染色质最基本的组成单位，是由组蛋白八聚体复合物（H2A、H2B、H3、H4 各两分子）和缠绕八聚体复合物的 DNA 分子组成。进化过程中高度保守的组蛋白由于无定型结构的氨基酸“尾巴”（Campos and Reinberg，2009）使它能够被乙酰化、磷酸化、甲基化、泛素化、类泛素化和 ADP- 核糖基化等作用共价修饰。在这些修饰中，乙酰化是组蛋白修饰中研究相对较早，也比较完善的一种修饰方式。组蛋白乙酰化和去乙酰化是一个可逆的生物学过程，在正常状态下，二者处于动态平衡状态，而且这种动态平衡是靠组蛋白乙酰化酶（HATs）和组蛋白去乙酰化酶（HDACs）共同调控的（Waterborg，2002，2011）。

组蛋白乙酰化和去乙酰化作用都是在赖氨酸的诱导下完成的。组蛋白末端氨基酸有多个可以被共价修饰的位点，可以被乙酰化作用修饰的位点主要集中在 H3 和 H4 上。其中 H3 乙酰化作用发生在赖氨酸的 9、14、18、23 和 56 位点，H4 则发生在赖氨酸 5、8、12、16 和 20 位点（Earley et al., 2006；Liu et al., 2012）。

通常情况下组蛋白乙酰化同转录激活有关；对应地，组蛋白去乙酰化同转录抑制相关（Aufsatz et al., 2002；Hristova et al., 2015；Earley et al., 2010）。人们对组蛋白去乙酰化作用的研究往往通过对组蛋白去乙酰化酶基因的功能研究来实现。

1.2.2　组蛋白去乙酰化酶基因的功能

根据蛋白序列的相似性和共同作用因子的属性，组蛋白去乙酰化酶（HDACs）被分为三个亚家族，分别为 RPD3/HDA1 亚家族、HD2 亚家族和 SIR2 亚家族。

RPD3/HDA1 亚家族（reduced potassium dependence 3/histone deacetylase 1）是组蛋白去乙酰化酶（HDACs）中最大的亚家族，存在于真核生物中（Hollender and Liu, 2008）。包含一个与酵母 RPD3/HDA1 亚家族高度同源的 N 端去乙酰化酶保守域，需要 Zn^{2+} 来激活去乙酰化酶活性（Yang and Seto, 2007）。在植物体中，根据蛋白质序列结构的相似性，该亚家族成员又被细化为不同的小亚家族。但是由于物种差异性，不同物种中小亚家族细化并不一致。在拟南芥中，该亚家族被细化为三个小亚家族（Class Ⅰ、Class Ⅱ 和 Class Ⅲ）（Pandey et al., 2002）。

HD2 亚家族（histone deacetylase2）发现于玉米中（Lusser et al., 1997），是植物特异性组蛋白去乙酰化酶（HDACs）（Pandey et al., 2002；Yang and Seto, 2007）。该亚家族蛋白有区别于其他两个亚家族的三个结构域：N 端保守的五肽（MEFWG）结构域、中央酸性结构域和 C 端可变域（Dangl et al., 2001）。

SIR2 亚家族（silent information regulator 2）是一类烟酰胺腺嘌呤二核苷酸 NAD 依赖型组蛋白去乙酰化酶（HDACs），在植物体中与酵母中高度同源，常常作为共同作用因子参与生物调控（Haigis and Guarente, 2006）。

在过去的几十年中，植物组蛋白去乙酰化酶基因（*HDACs*）的功能研究一直都是科研热点。目前已发现在拟南芥和水稻中均包含有 18 个组蛋白去乙酰化酶基因（*HDACs*），玉米中含有 5 个组蛋白去乙酰化酶基因（*HDACs*）。其中，拟南芥中 12 个 *HDACs* 属于 RPD3/HDA1 亚家族，4 个 *HDACs* 属于 HD2 亚家族，2 个 *HDACs* 属于 SIR2 亚家族。水稻中 14 个 *IIDACs* 属于 RPD3/HDA1 亚家族，2 个 *HDACs* 属于 HD2 亚家族，另外 2 个 *HDACs* 属于 SIR2 亚家族。研究表明，组蛋白去乙酰化酶（HDACs）基因在植物体生长发育以及胁迫响应中起着重要作用（图 1.6）（Xu et al., 2015；Lee et al., 2016；Venturelli et al., 2015；Liu et al., 2014）。

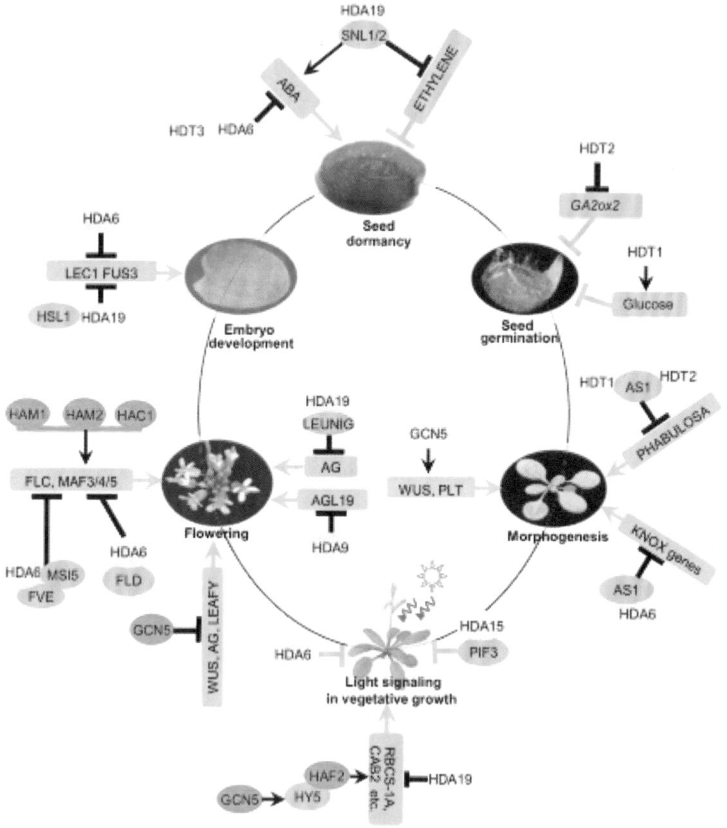

图1.6 组蛋白去乙酰化酶基因在拟南芥生长发育中的作用

（Wang et al., 2014）

1.2.2.1 影响植物的生长发育及形态建成

1. 影响植物种子萌发

脱落酸（abscisic acid，ABA）在种子休眠和萌发过程中起着重要作用（Yang et al., 2016；Van Zanten et al., 2014；Zhao et al.,

2016；Zhang et al., 2016）。在种子成熟过程中，ABA 可以诱导植株产生 LEA（late embryogenesis abundant）蛋白，使得种子的耐脱水性提高，同时也抑制种子萌发直到种子在母体植株中成熟。在种子萌发过程中，ABA 也参与了种子对外界干旱胁迫的响应。外界干旱可诱导 ABA 响应因子 ABI3 基因的表达，使得种子从萌发状态转变为休眠状态。目前，在拟南芥组和水稻组蛋白去乙酰化酶基因功能研究中发现，拟南芥 *AtHDA7*（Cigliano et al., 2013a）、*AtHDA6*（Sun et al., 2012；Tanaka et al., 2008；Luo et al., 2012b）、*AtHDA19*（Sun et al., 2012；Tanaka et al., 2008；Wang et al., 2013；Zhou et al., 2013；Gao et al., 2015）、*AtHDT3* 基因（Luo et al., 2012b）以及水稻 *OsHDA703*、*OsHDA710*、*OsHDA7016* 基因（Hu et al., 2009）均参与了种子的萌发以及 ABA 胁迫响应。

2. 在根的生长发育中的作用

研究发现，无论是超表达还是沉默拟南芥 *AtHDA18* 基因都能使根表皮毛细胞由无根毛细胞向有根毛细胞转化来影响根毛的发育（Liu et al., 2013a; Chen et al., 2016；Ma et al., 2016）。超表达水稻 *OsHDA702* 基因促进水稻根的生长（Chung et al., 2009）。拟南芥 *AtHDA19* 基因受盐、ABA 和乙烯等的胁迫，超表达 *AtHDA19* 基因影响了拟南芥对缺磷环境胁迫的响应，包括影响根毛密度和根表皮细胞的伸长，说明 *AtHDA19* 基因在根发育与植物胁迫响应方面具有重要作用（Chen et al., 2015）。

3. 在叶形态建成和器官发育中的作用

在对拟南芥 *AtHDA19* 基因进行突变后发现，突变植株出现矮化、前两片叶不对称生长以及叶片畸形等表型，但是具体的调控机制尚不明确（Tian and Chen, 2001；Tian et al., 2005；Tian et al., 2003）。AtHDA6 蛋白也可以与 AS1 蛋白结合来调控 KNOX 相关基因 *KNAT1*、*KNAT2* 和 *KNATM* 的表达来影响叶片形态建成（Luo et al., 2012c; Scofield and Murray 2006）。*AtHDT1* 和 *AtHDT2* 也被证实可以与 AS1 和 AS2 蛋白结合来调控 *PHB* 基因的表达来影响形态建成（Kidner and Martienssen, 2004；Ueno et al., 2007）。因此，*AtHDA6*、*AtHDT1* 和 *AtHDT2* 很可能是通过 AS1/2 信号途径来影响叶形态建成（Zhang et al., 2015；Han et al., 2016）。有趣的是，无论在 *AtHDA7* 超表达还是沉默株系中，植株生长速度明显不及野生型（Cigliano et al., 2013a）。在水稻中超表达 *OsHDA702* 基因促进水稻生长，而沉默后植株生长被明显抑制，未成功获得转基因植株，表明该基因在植株生长过程中是必不可少的（Chung et al., 2009；Hu et al., 2009）。

4. 在开花时间及花器官发育中的作用

开花是植物体完成生命周期及繁殖后代的一个重要过程。在拟南芥 *AtHDA19* 基因沉默株系中发现了一系列的花发育异常现象，主要表现为雌蕊育性降低，角果变小（Tian and Chen, 2001；Tian et al., 2005；Zhou et al., 2005），心皮和雄蕊的发育受到抑制（Gonzalez et al., 2007）。此外，*AtHDA19* 基因也被证实通过抑制 FLC 途径中的促进子 *AGL19* 基因的表达来调控开花时间（Kim et al., 2013）。AtHDA5、AtHDA6 蛋白也被证实可以与其他蛋白互作调控开花时间，如 FLC（Jiang et al., 2007；Yu et al., 2011；Luo et al., 2015)、MSI4 和 MSI5 (Gu et al., 2011)。这些研究表明，组蛋白去乙酰化酶基因在植物体开花时间以及花器官发育过程中发挥着重要作用，这些作用的发挥很可能与 FLC 途径相关。

1.2.2.2 在胁迫应答中的作用

1. 在植物生物胁迫中的作用

目前为止，许多科学报道表明，组蛋白去乙酰化酶基因的表达常常会被激素等外源信号诱导 (钟理 等 , 2014；Kim et al., 2012；Wu et al., 2008；Su et al., 2015)，如乙烯 (ethylene，ET)、茉莉酸 (jasmonic acid，JA)、水杨酸 (salicylic acid，SA) 和脱落酸 (abscisic acid，ABA)。这些激素不仅参与了植物对病原体侵害的响应，也参与了植物对伤害胁迫的响应，提高了植物体对生物胁迫的响应能力。拟南芥 AtHDA6 蛋白与 AtHDT3 蛋白互相作用调控 ABA 胁迫响应 (Luo et al., 2012b)，沉默 *AtHDT3* 基因后植株对 ABA 敏感性提高。此外，AtHDA6 蛋白也可与 JAZ1 蛋白互相作用参与 JA 信号途径调控 (Thines et al., 2007；Zhu et al., 2011) 和乙烯响应调控 (To et al., 2011a)。AtHDA19 蛋白与 WRKY38 和 WRKY62 蛋白互相作用参与了 ET、JA 和 SA 信号途径调控，进而参与了植株对病原菌侵染的生物胁迫的响应 (Zhou et al., 2005；Kim et al., 2008；Choi et al., 2012)。超表达 *AtHDA19* 基因后，乙烯响应基因 *ERF1* 与病原体相关基因 *PR* 的表达上调，植株对病原体的抗性提高；相反，沉默 *AtHDA19* 基因后，*ERF1* 基因和 *PR* 基因表达下调，沉默株系对病原体的抗性降低（Zhou et al., 2005）。在 Choi 等（2012）的研究中发现，沉默 *AtHDA19* 基因后，植株中 SA 含量增加，相关合成基因表达上调。在 *AtHDA19* 基因超表达后，转录激活因子 *WRKY38* 和 *WRKY62* 激活活性被抑制，植株对病原体抗性降低（Kim et al., 2008）。因此，*AtHDA19* 基因在病原体响应中起正调控作用还是负调控作用是由它所依赖的信号调控途径和相关参与激素决定的。

2. 在植物非生物胁迫中的作用

植物体生长的环境条件如干旱、温度（过高或过低）、盐碱（过盐或过碱）、水涝等都会影响植物的生长发育甚至会导致粮食作物减产。之前的许多研究表明，组蛋白去乙酰化酶基因在拟南芥和水稻中参与了植物对非生物胁迫的响应（Zheng et al., 2016）。在拟南芥中，*AtHDA15* 基因突变体中原叶绿素酸酯含量的变化趋势与光敏色素作用因子 3（*phytochrome interacting factor 3*，*PIF3*）突变体 *pif3* 中的变化趋势类似（Liu et al., 2013b），PIF3 蛋白可以与 AtHDA15 蛋白互作影响光信号响应基因（*GUN5*、*LHCB2.2*、*PSBQ* 和 *PSAE1*）启动子来抑制这些基因的表达。此外，*AtHDA6* 基因和 *AtHDA19* 基因在一定程度上也参与了光信号响应调控（Benhamed et al., 2006；Tessadori et al., 2009；Probst et al., 2004；Chen and Wu 2010）且受高温及低温胁迫的诱导（To et al., 2011b; Long et al., 2006）。HD2 亚家族四个组蛋白去乙酰化酶基因（*AtHDT1*、*AtHDT2*、*AtHDT3* 和 *AtHDT4*）都参与了盐胁迫以及 ABA 胁迫响应（Luo et al., 2012a; Han et al., 2016;

Chinnusamy et al., 2008；Yuan et al., 2013；Luo et al., 2012b）。其中，*AtHDT2* 基因和 *AtHDT3* 基因受温度胁迫影响，低温可以诱导 *AtHDT2* 基因的表达（Yano et al., 2013），而 *AtHDT3* 基因参与高温胁迫响应调控（Buszewicz et al., 2016）。

1.2.3 番茄中组蛋白去乙酰化酶基因的研究进展

目前，虽然有极少数报道对番茄中组蛋白去乙酰化酶基因（*SlHDACs*）进行了分类鉴定，但是具体基因详尽的功能分析还未报道。最近，Cigliano 等（2013b）进行了较为系统的分析鉴定，确认了番茄中有 15 个 *SlHDACs*，其中 9 个（*SlHDA1~SlHDA9*）属于 RPD3/HDA1 亚家族成员，3 个（*SlHDT1~SlHDT3*）属于 HD2 亚家族成员，2 个（*SIR1* 和 *SIR2*）属于 SIR2 亚家族成员，另外一个未做分类鉴定。同时，对已经分类鉴定的 14 个 *SlHDACs* 在番茄中所起的作用进行了分析。在番茄中，Cigliano 等（2013b）将 9 个 RPD3/HDA1 亚家族成员细化为三个小亚家族：Class Ⅰ（*SlHDA1*、*SlHDA2*、*SlHDA3* 和 *SlHDA4*），Class Ⅱ（*SlHDA6*、*SlHDA7*、*SlHDA8* 和 *SlHDA9*）以及 Class Ⅲ（*SlHDA5*）。Class Ⅰ含有由一个 STYKc 结构域和一个 Ser/Thr/Tyr 激酶催化结构域组成的组蛋白去乙酰化域。Class Ⅱ含有一个 zf-RanBP 结构域和一个 C 端核苷磷酸化酶结构域，zf-RanBP 结构域通常与 Ran-GDP 结合来实现核转运。Class Ⅲ通常与人类 HDAC11 比较同源。大部分的 RPD3/HDA1 亚家族基因（*SlHDA1~SlHDA9*）在果实中高表达，如 *SlHDA1* 和 *SlHDA3*，进而推测它们在果实发育与成熟过程中起着重要作用。此外，SlHDA1 蛋白和 SlHDA3 蛋白分别与拟南芥 AtHDA19 蛋白和 AtHDA6 蛋白高度同源，因此也推测它们可能参与了开花时间调控、胚胎发育以及其他生物学过程。SIR2 亚家族成员中的 *SlSIR1* 基因在芽和 1 cm 果实中表达量最高，*SlSIR2* 基因在花和 10 cm 果实中表达量最高，推测 *SlSIR1* 基因可能参与了番茄果实的早期发育，而 *SlSIR2* 基因可能在果实成熟后期进行调控。HD2 亚家族成员在番茄果实发育过程中高量表达，*SlHDT1* 基因在 1 cm 果实中表达量最高，*SlHDT2* 基因在 1 ~ 3 cm 果实中表达量最高，*SlHDT3* 基因在 3 cm 果实和 MG 时期果实中表达量最高，这些都表明 HD2 亚家族成员在番茄果实发育中起着重要作用。进化分析结果表明，HD2 亚家族中的三个成员都与拟南芥中的 AtHDT3 蛋白高度同源，因此，它们也可能参与 ABA 和盐胁迫响应及其种子萌发。

接着，Zhao 等（2014a）在 Cigliano 等（2013b）的研究基础上，又对番茄中的组蛋白去乙酰化酶基因进行了进一步分析鉴定，对番茄中的 15 个 *SlHDACs* 进行了分析。不同于 Cigliano 等（2013b），Zhao 等（2014a）确认番茄中有 15 个 *SlHDACs*，其中 10 个（*SlHDA1~SlHDA10*）属于 RPD3/HDA1 亚家族成员，3 个（*SlHDT1~SlHDT3*）属于 HD2 亚家族成员，2 个（*SIR1* 和 *SIR2*）属于 SIR2 亚家族成员。同时，也将 RPD3/HDA1 亚家族成员进行了进一步的细化分类，细化为四个小亚家族 :class Ⅰ

（*SlHDA1*、*SlHDA2*、*SlHDA3* 和 *SlHDA4*），class Ⅱ（*SlHDA7*、*SlHDA8*、*SlHDA9* 和 *SlHDA10*），class Ⅲ（*SlHDA5*）和 class Ⅳ（*SlHDA6*）。此外，Zhao 等（2014a）也对这些 *SlHDACs* 进行了表达分析，但是表达趋势及组织特异性相对 Cigliano 等（2013b）差异较大。Zhao 等（2014a）的研究结果表明，大部分的 RPD3/HDA1 亚家族成员（*SlHDA1~SlHDA10*）在花中表达量高，在果实中表达量相对较低。而 HD2 亚家族成员中 *SlHDT1* 基因和 *SlHDT3* 基因在根和下胚轴中表达量相对较高，*SlHDT1* 基因和 *SlHDT2* 基因在花和开花后 30 d 果实中表达量相对较高。SIR2 亚家族成员中的 *SlSIR1* 基因和 *SlSIR2* 基因在花和开花后 10 d 的果实中表达量较高。此外，Zhao 等（2014a）也对 *SlHDACs* 中 RPD3/HDA1 亚家族蛋白与 MADS-box 蛋白互作进行了研究。SlHDA1 蛋白和 SlHDA4 蛋白可以与 MADS-box 蛋白 TAG1 和 TM29 进行互作，进一步表明 *SlHDACs* 基因可以通过调控果实成熟基因的表达来影响果实的成熟。

1.2.4 展望

综上所述，组蛋白去乙酰化酶基因（*HDACs*）在植物体生长发育及胁迫响应方面起着重要作用。目前有关 *HDACs* 的研究主要集中在拟南芥和水稻中，在其他植物体中的研究还相对较少。尽管 HDACs 家族中成员较少，但是在植物体整个生长发育周期中扮演的角色却是不可估量的。在拟南芥中和水稻中虽然多

数 *HDACs* 被报道，但是仍然有新的报道来揭示它们在不同调控机制中新的作用。组蛋白去乙酰化酶在植物体整个生命周期中作用广泛，因此仍需大量的研究工作来继续探究其功能。就目前的研究工作现状来说，仍然有许多问题需要解决，如组蛋白去乙酰化酶如何进行转录抑制，通过什么样的方式来调控相关基因的表达进而调控不同的生理生化过程。深入研究组蛋白去乙酰化酶基因在植物生长发育过程中的调控机制对进一步阐明在植物生长发育以及抗病抗逆中组蛋白去乙酰化酶基因（*HDACs*）的具体作用机制具有积极作用。此外，已有相关报道证实，组蛋白去乙酰化酶基因在参与植物生物胁迫与非生物胁迫的同时，也参与了ABA、JA、SA 以及 ET 等激素所介导的信号转导相关途径的响应（Zhou et al., 2005；Kim et al., 2008；Choi et al., 2012）。因此，深入研究组蛋白去乙酰化酶基因编码蛋白也有助于我们丰富激素信号转导途径及组蛋白去乙酰化酶基因编码蛋白调控机制的多样性。

近年来关于组蛋白去乙酰化酶基因研究的相关报道证实，大多数组蛋白去乙酰化酶基因在转基因育种领域具有重要的研究价值，表现出极强的抗盐抗旱及其抗病能力（To et al., 2011b; Long et al., 2006；Luo et al., 2012a; Han et al., 2016；Chinnusamy et al., 2008；Yuan et al., 2013；Yano et al., 2013；Buszewicz et al., 2016）。因此，组蛋白去乙酰化酶基因在提高转基因作物环境胁迫耐受力方面拥有广阔的应用前景，高产、抗病及抗逆转基因作物新品种的获得可通过转基因技术调控组蛋白去乙酰化酶基因表达水平或蛋白活性来实现。

1.3 课题的提出及研究意义

如前文所述，虽然组蛋白去乙酰化酶基因的家族小，成员少，但是其生物学功能及其活性调控的研究成果表明，该家族基因在植物生命周期中扮演着不可或缺的角色。该家族基因调控范围涉及植物的生长发育、激素调节以及生物胁迫和非生物胁迫响应等多个方面。当前，虽然组蛋白去乙酰化酶基因的分离鉴定在大多数高等植物体中已经完成，然而，该家族基因功能及调控机制的相关研究仍旧主要集中于拟南芥和水稻等模式植物中。尽管部分组蛋白去乙酰化酶基因在相关物种中已有报道，但是具体的调控机制仍旧不明确，它们复杂的调控机制有待于进一步深入研究。

作为研究果实成熟的模式生物，番茄不仅是人类粮食的重要来源，也为人类生命健康提供了重要的矿物质及维生素等营养物质，是全世界广泛食用的一种蔬菜作物。然而，环境胁迫往往是番茄栽培过程产量减少的主要原因之一（Yanez et al., 2009）。因此，培养出产量高、抗逆性较强的番茄品种对番茄栽培具有重要的经济应用价值。本研究在已有研究的基础上，就番茄果实成熟与生物胁迫响应两个方向，对番茄组蛋白去乙酰化酶家族基因的序列信息进行筛选鉴定，组织表达模式分析以及多种非生物胁迫响应表达分析，进一步鉴定出可能参与果实成熟与胁迫响应的基因。最后，对上述过程中筛选到的目的基因进行沉默载体构建，并将构建好的载体转入野生型番茄 AC^{++}，并通过生物学手段在生化与分子水平做进一步的分析以验证该目的基因可能具有的生物学功能，探索该目的基因在番茄果实成熟过程中的乙烯信号转导及其非生物胁迫响应中的作用，该课题的展开，将有助于进一步了解组蛋白去乙酰化酶家族基因在番茄中的调控作用及其生理功能，相应的研究成果也可为将来利用基因工程手段获得番茄作物新品种提供理论依据。

1.4 课题的研究内容、技术路线及创新点

1.4.1 课题的研究内容

本课题就两个组蛋白去乙酰化酶基因 *SlHDA1* 和 *SlHDT3* 在番茄中的功能进行了研究，具体研究内容如下。

1.4.1.1 *SlHDA1* 基因的功能研究

SlHDA1 基因的研究是将 9 个已经筛选到的组蛋白去乙酰化酶 RPD3/HDA1 亚家族基因（*SlHDA1~SlHDA9*）通过定量 PCR（real-time PCR）技术进行组织特异性表达模式分析和多种非生物胁迫响应分析，以进一步筛选出最有可能参与番茄非生物胁迫响应与果实成熟调控的组蛋白去乙酰化酶基因，并通过转基因技术对番茄 *SlHDA1* 基因可能参与的胁迫响应及果实成熟等过程进行深入研究，来全面阐释其生物学功能。

（1）利用生物信息学进一步分析比对已经分离到的 9 个番茄组蛋白去乙酰化酶 RPD3/HDA1 亚家族成员基因，并通过 RT-PCR 技术分析这 9 个 RPD3/HDA1 亚家族基因在番茄各组织以及不同非生物胁迫处理下各时期的表达模式，以进一步分析它们可能的生物学功能。

（2）对筛选到的 *SlHDA1* 基因进行 RNAi 沉默载体构建，进一步通过转基因技术获得 *SlHDA1* 转基因沉默株系。

（3）通过阳性鉴定以及沉默效率鉴定筛选出理想的 *SlHDA1* 沉默株系。

（4）分析 *SlHDA1* 沉默株系在番茄植株果实成熟过程中的表型，进一步鉴定 *SlHDA1* 基因可能的生物学功能。

（5）测定 *SlHDA1* 沉默株系果实中的叶绿素、类胡萝卜素以及乙烯生物合成等生化指标，阐明 *SlHDA1* 基因对果实成熟生化水平影响。

（6）将 *SlHDA1* 沉默株系和野生型中成熟的番茄果实放置于室温条件下通过观察储存期间果实的硬度的变化以及霉变程度来分析比较果实的耐储藏性，阐明 *SlHDA1* 基因对果实耐储藏性的影响。

（7）通过 RT–PCR 技术比较类乙烯生物合成相关基因、胡萝卜素代谢合成与果实成熟相关基因以及果壁细胞代谢相关基因在 *SlHDA1* 沉默株系和野生型中的表达情况，阐明 *SlHDA1* 基因影响果实成熟的分子机理。

（8）鉴于 *SlHDA1* 基因受多种非生物胁迫的诱导，进一步对 *SlHDA1* 沉默株系和野生型植株在高盐和干旱条件下的生长状态进行比较以分析胁迫耐受力，并在生化水平以及分子水平探索 *SlHDA1* 基因可能参与的胁迫响应的机理。

1.4.1.2 *SlHDT3* 基因的功能研究

SlHDT3 基因的研究是通过对番茄组蛋白去乙酰化酶 HD2 亚家族两个基因 *SlHDT1* 和 *SlHDT3* 应用 RT–PCR 技术进行组织表达模式分析和非生物胁迫响应表达分析，筛选出最有可能参与番茄果实成熟调控与非生物胁迫响应的组蛋白去乙酰化酶基因，并通过转基因技术对番茄 *SlHDT3* 基因可能参与的胁迫响应及果实成熟等过程进行深入研究，来全面阐释其生物学功能。

（1）利用生物信息学进一步分析比对已经分离到的 3 个番茄组蛋白去乙酰化酶 HD2 亚家族成员基因，并通过 RT– PCR 技术分析其中 2 个基因 *SlHDT1* 和 *SlHDT3* 在番茄各组织以及不同非生物胁迫处理下各时期的表达模式，以进一步分析它们可能的生物学功能。

（2）对筛选到的 *SlHDT3* 基因进行 RNAi 沉默载体构建，进一步通过转基因技术获得 *SlHDT3* 番茄转基因沉默株系。

（3）通过阳性鉴定以及沉默效率鉴定筛选出理想的 *SlHDT3* 番茄转基因沉默株系。

（4）分析 *SlHDT3* 沉默株系在番茄植株果实成熟过程中的表型，进一步鉴定 *SlHDT3* 基因可能的生物学功能。

（5）测定 *SlHDT3* 沉默株系果实中的叶绿素、类胡萝卜素以及乙烯生物合成等生化指标，阐明 *SlHDT3* 基因对果实成熟生化水平影响。

（6）将 *SlHDT3* 番茄转基因沉默株系和野生型中成熟的番茄果实放置于室温条件下，通过观察储存期间果实的硬度的变化以及霉变程度来分析比较果实的耐储藏性，阐明 *SlHDT3* 基因对果实耐储藏性的影响。

（7）通过 RT-PCR 技术比较类乙烯生物合成相关基因、胡萝卜素代谢合成与果实成熟相关基因以及果壁细胞代谢相关基因在 *SlHDT3* 沉默株系和野生型中的表达情况，阐明 *SlHDT3* 基因影响果实成熟的分子机理。

1.4.2　课题的技术路线

1.4.2.1　*SlHDA1* 基因的功能研究技术路线图

SlHDA1 基因的功能研究技术路线图如图 1.7 所示。

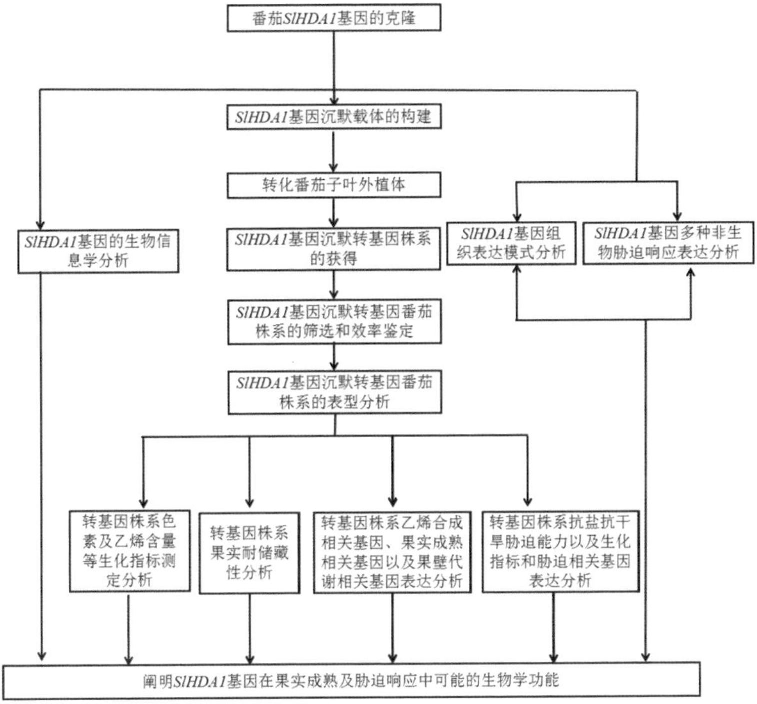

图1.7　*SlHDA1*基因的功能研究技术路线图

1.4.2.2　*SlHDT3* 基因的功能研究技术路线图

SlHDT3 基因的功能研究技术路线图如图 1.8 所示。

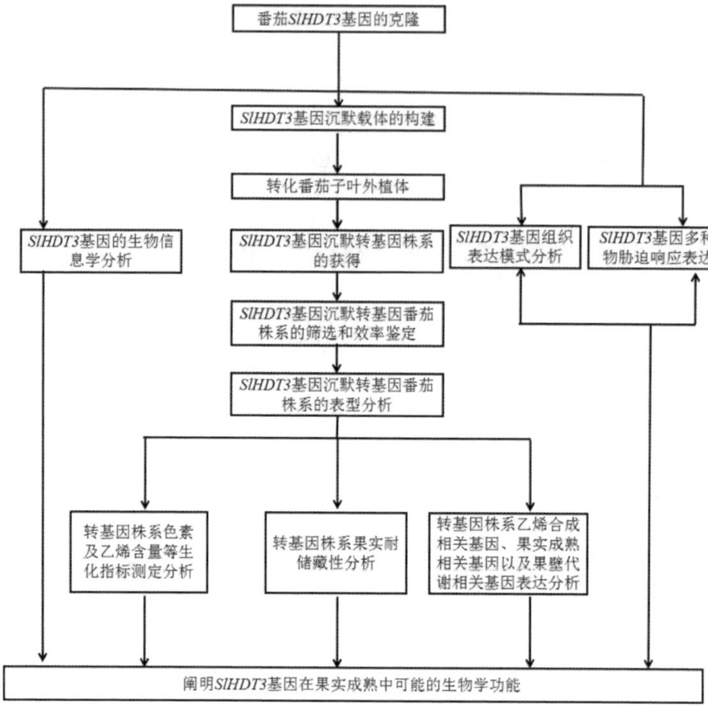

图1.8　*SlHDT3*基因的功能研究技术路线图

1.4.3　课题的创新点

（1）首次对番茄组蛋白去乙酰化酶基因 RPD3/HDA1 亚家族成员进行多种非生物胁迫响应特征分析，筛选出番茄组蛋白去乙酰化酶基因 RPD3/HDA1 亚家族可能参与果实成熟调控和非生物胁迫响应的 *SlHDA1* 基因。

（2）首次对通过植物组织特异性表达模式和多种非生物胁迫

响应表达模式分析筛选到的 *SlHDA1* 基因的功能进行探索研究。

（3）首次对番茄中组蛋白去乙酰化酶基因 HD2 亚家族成员进行多种非生物胁迫响应特征分析，并通过转基因实验明确了 *SlHDT3* 基因在番茄果实成熟过程中的功能和可能机制。

第 2 章

番茄组蛋白去乙酰化酶基因的筛选与表达分析

2.1 引言

目前，组蛋白去乙酰化酶基因（*HDACs*）功能的相关报道在拟南芥和水稻中相对集中。研究表明，*HDACs* 基因在拟南芥和水稻中广泛参与了植物体生长发育各个阶段的调控及多种生物胁迫与非生物胁迫响应，在植物体整个生命周期中起着重要作用。在高等植物体中，*HDACs* 基因的分离鉴定基本完成，拟南芥和水稻中分别鉴定出 18 个 *HDACs* 基因，玉米中鉴定出 5 个 *HDACs* 基因（Wang et al., 2014）。之前，也有两篇相关报道对番茄中 *SlHDACs* 基因进行了分离鉴定（Cigliano et al., 2013b; Zhao et al., 2014a），但是鉴定结果存在差异。本研究在之前分离鉴定以及 NCBI、TIGR 和 SGN 数据库中已登录的番茄 *SlHDACs* 基因家族序列信息的基础上，与拟南芥中已知的 HDACs 蛋白序列进行同源比对及蛋白质序列分析，对鉴定结果存在差异的番茄中的组蛋白去乙酰化酶 RPD3/HDA1 亚家族成员基因进行了进一步的分离鉴定，确认该亚家族含有 9 个 *SlHDACs* 基因。运用定量 RT–PCR 技术对该亚家族的 9 个成员进行了表达模式分析及多种非生物胁迫处理下表达分析，以筛选出可能参与果实发育成熟及其胁迫响应的候选基因，对其进行沉默载体构建以进一步研究其可能的生物学功能。

2.2　材料、试剂和仪器

2.2.1　材料

植物材料：高度纯合的野生型番茄，WT（*Solanum lycopersicum* Mill. var. Ailsa Craig, AC^{++}）为主要研究材料，突变体 *Nr*、*rin* 为辅助材料。

2.2.2　药品与试剂

荧光定量染料试剂购自 Promega 公司；RNA 提取试剂 RNAiso plus、M-MuLV 反转录酶、高保真酶 PrimeSTAR® 和 *r*-Taq DNA 聚合酶均购自大连 TaKaRa 公司。

2.2.3　常用仪器设备

常用仪器设备见表 2.1。

表 2.1　常用仪器设备汇总表

仪器及型号	生产公司	产地
4 L/10 L/30 L 液氮生物容器	乐山市东亚机电工贸有限公司	中国
-20℃冰箱	江苏小天鹅集团有限公司	中国

续表

仪器及型号	生产公司	产地
-80℃ 超低温冰箱	Thermo	美国
-40℃冰箱	江苏小天鹅集团有限公司	中国
Nanodrop ND-2000 超微量核酸蛋白测定仪	Thermo	美国
微量移液器	Eppendorf	德国
Milli Q Plus 超级纯水仪	Millipore	美国
5417R 型台式 Eppendorf 高速冷冻离心机	Eppendorf	德国
超净工作台	苏净集团苏州安泰空气技术有限公司	中国
FM70-FM70A 型独立式雪花制冰机	格兰特	中国
VORTEX-5 型旋涡混合器	江苏海门其林贝尔仪器制造有限公司	中国
PCR 扩增仪	Bio-Rad	美国
Bio-Rad S1000 型实时定量 PCR 仪	Bio-Rad	美国
GelDocXR 型凝胶成像仪	Bio-Rad	美国
赛多利斯丹佛 SI-114 型精密电子天平	深圳华恒仪器有限公司	中国
电热鼓风干燥箱	上海一恒科学仪器有限公司	中国
LDZX-75KBS 立式压力蒸汽灭菌器	上海申安医疗器械厂	中国

2.3　实验方法

2.3.1　番茄材料的收集

将野生型番茄 AC^{++} 和突变体番茄 *rin*、*Nr* 的开花期和果实破色期进行挂牌标记，以记录果实不同的生长发育时期。分别收取三种类型番茄果实生长发育的五个不同时期的新鲜材料及其野生型番茄其他组织不同器官的新鲜材料用液氮快速冷冻后置于 -80℃冰箱保存备用。所收取的植物材料用于基因组织表达模式分析（详见表 2.2）。

表 2.2　番茄生物材料明细表

英文缩写	材料名称	英文全称
Rt	根	root
St	茎	stem
YL	幼叶	young leaf
ML	成熟叶	mature leaf
SL	老叶	senescent leaf
Se	萼片	speal
Fl	花	flower
IMG	青果期果实	immature green
MG	绿熟期果实	mature green
B	破色期果实	breaker

2.3.2 番茄 *SlHDACs* 基因的生物信息学分析

2.3.2.1 番茄中 SlHDACs 蛋白的筛选

根据番茄中已报道的 SlHDACs 蛋白序列号（Zhao et al., 2014a; Cigliano et al., 2013b），在茄科基因组数据库 Sol Genomics Network（SGN，表 2.3）中搜索，然后将获得的可能的番茄 SlHDACs RPD3/HDA1 亚家族成员蛋白序列进一步通过 SMART 和 NCBI 在线软件进行蛋白结构域分析。

正如前文所述，已报道的番茄 SlHDACs 蛋白 RPD3/HDA1 亚家族成员鉴定结果存在差异，我们对该亚家族成员进行了进一步的分析鉴定。重新筛选并分析确认后得到的 9 个番茄 *SlHDACs* 基因分别为 *SlHDA1* ~ *SlHDA9*，Cigliano 等（2013b）等报道的 *SlHDA7* 和 *SlHDA10* 属于同一个基因：*SlHDA1*（Solyc09g091440）、*SlHDA2*（Solyc03g112410）、*SlHDA3*（Solyc06g071680）、*SlHDA4*（Solyc11g067020）、*SlHDA5*（Solyc08g065350）、*SlHDA6*（Solyc06g074080）、*SlHDA7*（Solyc01g009110）、*SlHDA8*（Solyc03g119730）、*SlHDA9*（Solyc03g115150）。括号内为在它们在 SGN 数据库中分别对应的登录号。

2.3.2.2　番茄 *SlHDACs* 基因的核苷酸及蛋白序列信息学分析

番茄 *SlHDACs* 基因核苷酸序列翻译、ORF（开放阅读框）查找、蛋白质理化信息分析等主要的分子特征分析均通过在线数据库进行（各自的网址见表 2.3）。运用 MEGA7.0 软件进行系统进化树的构建，以分析番茄中 SlHDACs 蛋白与拟南芥 AtHDACs 中的进化关系；利用 DNAMAN 软件对 SlHDA1～SlHDA9 蛋白的氨基酸进行多重序列比对，进一步对其结构保守性进行分析。

表 2.3　生物学数据库网址汇总

数据库名称	数据库功能	网址
TIGR	植物基因组综合数据库	http://compbio.dfci.harvard.edu/tgi/
SGN	茄科基因组数据库	http://solgenomics.net/
ExPASy	综合分析	http://www.expasy.org/
	蛋白翻译	http://www.expasy.org/tools/dna.html
	等电点、相对分子质量及疏水性	http://expasy.org/tools/protparam.html
Pfamdatabase	蛋白家族分析	http://pfam.sanger.ac.uk/
BLAST-primer	引物设计与检测	http://www.ncbi.nlm.nih.gov/tools/primer-blast/index.cgi?LINK_LOC=BlastHome
PROSITE	蛋白结构域和功能位点分析	http://prosite.expasy.org/

续表

数据库名称	数据库功能	网址
ORF	ORF 预测	http://www.ncbi.nlm.nih.gov/gorf/gorf.html
NCBI	综合	http://www.ncbi.nlm.nih.gov/
MultAlin	序列比对	http://multalin.toulouse.inra.fr/multalin/multalin.htmL
BLAST	序列比对 / 检索	http://blast.ncbi.nlm.nih.gov/Blast.cgi

2.3.3 总 RNA 的提取

总 RNA 的提取使用 RNAiso plus 试剂盒（TaKaRa 公司），提取方法是在该公司提供的方法技术上改进的。具体步骤如下。

（1）将收取的番茄植物组织样品放入用液氮预冷的研钵中，快速研磨并不断补充液氮，直至研磨成粉末状。

（2）取研磨好的粉末适量并转移至预冷的 1.5 mL 离心管中，迅速加入 RNAiso plus 溶液 1 mL，剧烈振荡或涡旋混匀，确保样品裂解充分，室温条件下静置 5 min。

（3）12 000 r/min，4 ℃离心 5 min。

（4）沿离心管管壁小心吸取上清液并转移至新的 1.5 mL 离心管中，加入三氯甲烷 200 μL，闭盖后振荡 15 s 混匀，室温静置 5 min。

（5）12 000 r/min，4 ℃离心 15 min。

（6）将分层后的上清液小心吸取并转移到另一新的 1.5 mL 离心管中，加入相同体积的异丙醇，颠倒混匀，15～30 ℃下静置 10 min。

（7）12 000 r/min，4 ℃离心 10 min。

（8）将上清液小心倒掉，加入 75% 的乙醇 1 mL 清洗沉淀，12 000 r/min，4 ℃离心 5 min，弃去乙醇，吸走残液后于室温条件下干燥。

（9）加入 DEPC 处理水约 30~50 μL 溶解沉淀。

（10）取 RNA 溶液 2 μL 用 1.0% 琼脂糖凝胶电泳检测提取到的 RNA 完整性并用超微量核酸蛋白测定仪检测 RNA 浓度和质量，检测合格后 –80 ℃冰箱冷冻保存备用。

2.3.4　cDNA 第一链的合成

cDNA 的第一链的合成根据 Promega 公司提供的方法合成，采用 M–MLV 反转录酶，具体步骤如下。

（1）将 RNA 模板 800 ng 加入 PCR 管中，加入 Oligo dT（10 μmol/L）2 μL，补双蒸水至 11 μL，涡旋混匀。

（2）72 ℃，5 min。

（3）迅速于冰上放置 5 min。

（4）向上述 PCR 管中加入 5 × M–MLV Buffer 4.0 μL，M–MLV（200 U/μL）1.0 μL，10 mmol/L dNTPs 2.0 μL，Rnase–free ddH_2O 2.0 μL，涡旋混匀。

（5）42 ℃孵育 60 min。

（6）72 ℃ 延伸 10 min，等体积稀释后 –40 ℃储存备用。

2.3.5 番茄 *SlHDACs* 基因的引物设计及评估

利用引物设计软件 Primer Premier 5 将依据 2.3.2 中各基因的识别号查找到的序列设计并筛选 9 个番茄 *SlHDACs* 基因（*SlHDA1*～*SlHDA9*）的定量引物，见表 2.4。

表 2.4 *SlHDACs* 基因与内参基因的定量 RT-PCR 引物列表

引物名称	引物序列（5'→3'）	产物大小 /bp
SlHDA1-Q-F	CCTACGCTGGAGGTTCTGTTG	153
SlHDA1-Q-R	GCTCCAGAATAGCCAACACGA	
SlHDA2-Q-F	CAAACTTCATCTGGTGGCTCAA	223
SlHDA2-Q-R	CCTCAACTCCATCCCCGTG	
SlHDA3-Q-F	AAGCCGCACCGTATCAGAAT	152
SlHDA3-Q-R	GGTGAAACGGTAGCAAGGA	
SlHDA4-Q-F	AAATGTGCCTCTCAAGGATGG	165
SlHDA4-Q-R	TCAATAGAGAGGTTGAAGCAGCC	
SlHDA5-Q-F	AGTGCCAAAGTTATTGCTGATTCC	235
SlHDA5-Q-R	TTCGCCTCTGCTTTTCCCA	
SlHDA6-Q-F	CTGGCTTTAGATGGTGGCTGT	164
SlHDA6-Q-R	ATAGTTCCACCCTGTGAATGAGAG	
SlHDA7-Q-F	TGATGCCTTCTACGAGGACCC	168
SlHDA7-Q-R	AAAACTGTTCGCATTGCTGTATCA	
SlHDA8-Q-F	AATTGTGAAGTATGCGGAGAACA	238
SlHDA8-Q-R	GGTCTGGTCTCTCAGGATGTGG	
SlHDA9-Q-F	AGGCTGTCAAGAATGGCTGG	183
SlHDA9-Q-R	GCTTCCCTTCTACCAAACCTCTA	
EF1α-Q-F	TACTGGTGGTTTTGAAGCTG	166

续表

引物名称	引物序列（5'→3'）	产物大小 /bp
EF1α-Q-R	AACTTCCTTCACGATTTCATCATA	
CAC-Q-F	CCTCCGTTGTGATGTAACTGG	173
CAC-Q-R	ATTGGTGGAAAGTAACATCATCG	

为了使定量 PCR 结果更加可靠，在进行表达模式分析之前对 qPCR 引物的扩增效率和最适温度进行了检测。

定量 PCR 引物验证反应体系如下：

反应试剂	用量
前后引物的混合物（10 μmol/L）	0.5 μL
cDNA	1.0 μL
2 × GoTaq® qPCR Master Mix	5.0 μL
ddH_2O	3.5 μL

引物最适退火温度摸索的定量 PCR 程序如下：

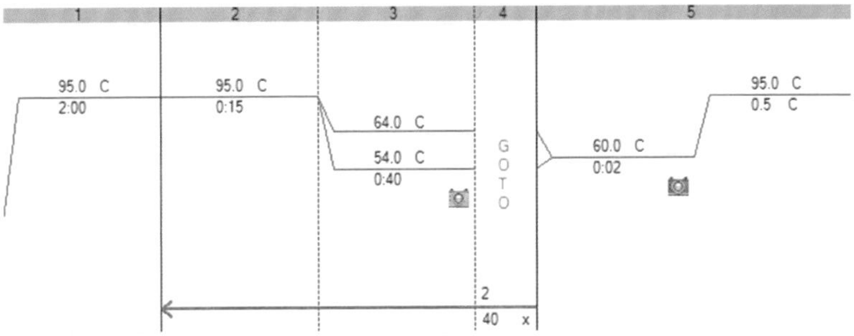

2.3.6 番茄 *SlHDACs* 基因的组织表达模式分析

将新鲜野生型番茄以及 *Nr* 和 *rin* 中收集到的各组织材料（表 2.2）进行番茄各组织的 cDNA 第一链合成。利用在番茄各生长发育时期的稳定表达的 *CAC* 基因（表 2.3）作为内参基因（Exposito-Rodriguez et al., 2008），运用定量 RT-PCR 技术，分别在最适退火温度下对 *SlHDA1~SlHDA9* 基因进行番茄组织特异性表达模式分析。具体反应体系和设定程序见上步，每个基因分别进行三次生物重复，每次生物重复进行三次技术重复。设置 NTC（no template control）对照和 NRT（no reverse transcription control）对照。利用 Bio-Rad CFX Manager（Ver. 1.6）软件进行分析，实验结果依照 $2^{-\Delta\Delta C_T}$ 法进行数据处理（Livak and Schmittgen 2001）。

2.3.7 番茄 *SlHDACs* 基因非生物胁迫响应表达分析

为了探究番茄 *SlHDACs* 基因在多种非生物胁迫处理下的响应情况，本研究进行了番茄 *SlHDA1~SlHDA9* 基因非生物胁迫响应处理的表达模式分析，以温室（光照 27 ℃，16 h；黑暗 19 ℃，8 h）条件下盆栽培养 35 d，选择生长状况以及大小一致的野生型番茄 AC^{++} 植株为研究材料，进行高盐、高温 / 低温及脱水等一系列的胁迫处理，对照组为未做任何胁迫处理的植株，具体方法如下（Pan et al., 2012；Tang et al., 2012）。

（1）高盐胁迫：取生长状况以及大小一致的野生型番茄 AC^{++} 植株于托盘中，用浓度为 250 mmol/L 的 NaCl 盐溶液浇灌，定时收取叶片和根组织样品，取样时间为处理后 0 h、1 h、2 h、4 h、8 h、12 h、24 h 和 48 h。

（2）高温胁迫：将 AC^{++} 番茄植株于 40 ℃环境中进行高温处理，定时收取叶片组织样品，取样时间为处理后 0 h、1 h、2 h、4 h、8 h、12 h、24 h 和 48 h。

（3）低温胁迫：将 AC^{++} 番茄植株置于 4℃环境中进行低温处理，定时收取叶片组织样品，取样时间为处理后 0 h、1 h、2 h、4 h、8 h、12 h、24 h 和 48 h。

（4）脱水胁迫：将整株 AC^{++} 番茄植株从栽培土中轻轻取出，并小心清洗根部泥土，尽量避免根组织损伤。用吸水纸吸去根部多余水分后置于室温条件下干燥的滤纸上，定时收取叶片组织样品，取样时间为处理后 0 h、1 h、2 h、4 h、8 h、12 h、24 h 和 48 h。

上述处理过程中所收取的叶片和根组织材料迅速液氮冷冻后置于 -80℃冰箱保存。然后根据 RNAiso plus（TaKaRa）使用说明书进行 RNA 的提取和 Promega M-MLV 反转录酶的方法进行 cDNA 的合成（见 2.3.3、2.3.4）。选取在胁迫处理下稳定表达的 *EF1α* 基因（表 2.4）作为内参基因（Nicot et al., 2005），运用 RT-PCR 技术对 *SlHDA1~SlHDA9* 基因在非生物胁迫处理下的表达水平进行分析，具体定量反应体系和设定程序见 2.3.5，每个基因分别进行三次生物重复，每次生物重复进行三次技术重复。设立 NTC（no template control）对照和 NRT（no reverse transcription control）对照，实验结果的数据处理如 2.3.5。

2.4 结果与分析

根据已有的序列号及信息和 2.3.2 中所提供的生物信息学方法，最终鉴定得到 9 个组蛋白去乙酰化酶 RPD3/HDA1 亚家族基因，分别为 *SlHDA1~SlHDA9*。随后用生物信息学方法对这 9 个番茄 *SlHDACs* 基因（*SlHDA1~SlHDA9*）的分子特征、结构特征及序列同源性等进行了分析。

2.4.1 番茄 *SlHDACs* 基因的分子特征分析

由表 2.5 可知，这 9 个 *SlHDACs* 基因氨基酸残基数量、蛋白质相对分子质量、等电点、外显子数都存在较大差异，因此可以推测这些 SlHDACs 蛋白在番茄植物体中可能具有不同的生物学功能。此外，这些蛋白全部为疏水性蛋白，位于相同或不同的染色体上。

表 2.5　9 个 *SlHDACs* 基因的分子特征

基因名称	ORF 长度 /bp	蛋白质				染色体位置	基因识别	外显子数
		长度 /aa	相对分子质量 /ku	等电点	疏水性			
SlHDA1	1 497	498	55.70	5.29	−0.545	9	Solyc09g091440	8
SlHDA2	1 350	449	50.54	5.10	−0.384	3	Solyc03g112410	5
SlHDA3	1 416	471	53.07	5.31	−0.535	6	Solyc06g071680	6
SlHDA4	1 293	430	48.88	5.17	−0.427	11	Solyc11g067020	14
SlHDA5	1 044	347	38.73	6.80	−0.116	8	Solyc08g065350	13
SlHDA6	1 158	385	42.05	5.56	−0.240	6	Solyc06g074080	3
SlHDA7	1 398	465	50.13	6.83	−0.104	1	Solyc01g009110	9
SlHDA8	1 833	610	66.41	5.34	−0.274	3	Solyc03g119730	17
SlHDA9	1 944	647	72.85	6.00	−0.360	3	Solyc03g115150	14

2.4.2　番茄 SlHDACs 蛋白质的分类进化分析

为进一步了解该家族蛋白的亲缘及进化关系，我们利用 NCBI 在线软件进行了蛋白质保守结构域分析，同时也利用 MEGA 7.0 软件通过 Neighbor joining 法构建了拟南芥与番茄 SlHDACs 蛋白质进化树。结果表明，每一个 SlHDAC 都包含一个典型的去乙酰化催化域（图 2.1）。这 9 个 SlHDACs 蛋白被进一步细化为 Class Ⅰ（SlHDA1、SlHDA2、SlHDA3 和 SlHDA4）、Class Ⅱ（SlHDA7、SlHDA8 和 SlHDA9）、Class Ⅲ（SlHDA5）和 Class Ⅳ（SlHDA6）四个小亚家族。每一个 SlHDAC 蛋白在拟南芥中都有对应的同源蛋白，暗示它们在番茄中所起的功能可能与拟南芥中类似（图 2.2）。

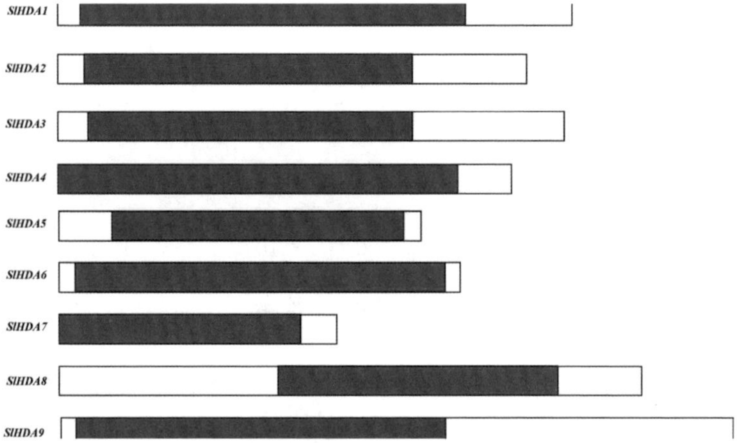

图2.1　番茄SlHDACs蛋白质结构示意图

蓝色部分为去乙酰催化结构域，结构域的位置和大小是根据NCBI保守结构域预测的。

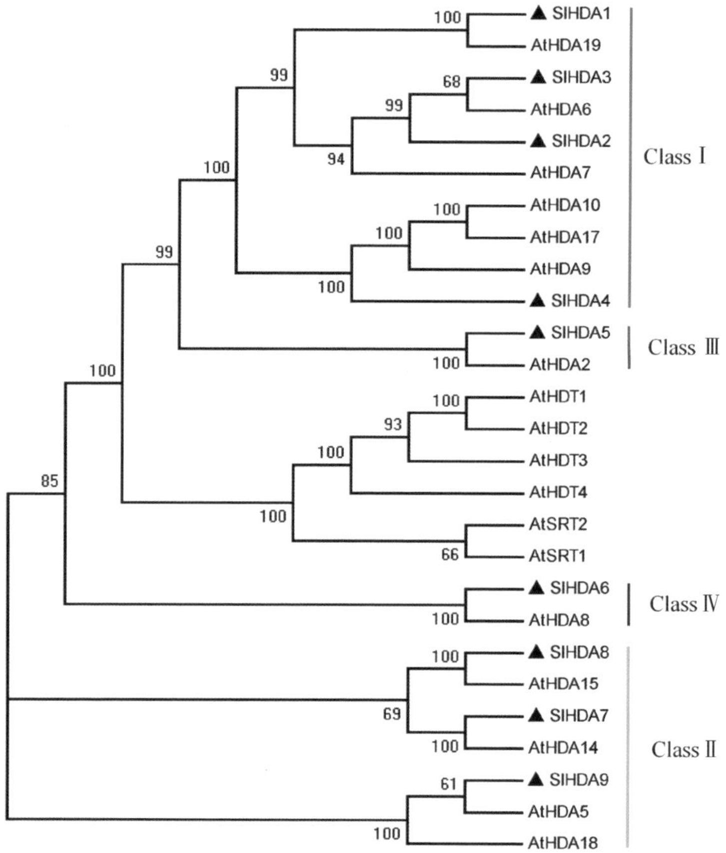

图2.2　番茄和拟南芥HDACs蛋白进化关系分析

进化树由 MEGA 7.0 软件构建。以邻接法构建系统发生树。番茄中的 SlHDACs蛋白用黑三角标明。

2.4.3 番茄 *SlHDACs* 基因组织表达模式分析

基因的组织特异性表达通常表明基因在该组织中起着关键性作用。为了研究番茄 *SlHDACs* 基因在 AC $^{++}$ 中的组织表达特异性，运用定量 PCR 技术对 9 个 *SlHDACs* 基因（*SlHDA1~SlHDA9*）的表达模式进行了分析。结果如图 2.3 所示，*SlHDA1* 基因在各组织中持续表达，在果实中高量表达，根、茎、幼叶及其萼片次之，成熟叶、衰老叶和花中表达量相对较低。此外，该基因在青果时期表达量较低，随着果实的发育成熟，基因表达逐渐增强，在破色期后四天（B+4）达到最大值，破色期后七天（B+7）基因表达轻微下调。该基因并未在某一个或某几个组织中特异性表达，推测 *SlHDA1* 基因可能参与番茄生长发育以及果实成熟各个阶段的调控。不同于 *SlHDA1*，*SlHDA2* 基因在果实中特异性表达，在其他组织中表达量相对较低。在果实中，青果时期表达量较低，随着果实的发育基因表达增强，在成熟期即破色期（B）达到最大值，破色期后（B 到 B+7）基因表达下调。表达模式结果表明，该基因可能在果实发育和成熟过程中发挥着一定的调控作用。相对于其他组织器官，*SlHDA3* 基因在果实中青果期高量表达，幼叶和花中表达量较低，在其他组织中表达量基本一致，都高于幼叶和花且显著低于青果期。因此，我们推测 *SlHDA3* 基因可能参与果实发育的调控过程。*SlHDA4* 基因在根中高量表达，茎中表达量最低，其他组织中表达量居中。与 *SlHDA1* 基因类似，该基因在各组织中非特异性表达，暗示该基因广泛调控番茄生长发育过程的各个阶段。与其他基因明显不同，*SlHDA5* 基因在萼片和果实破色期及破色期后四天（B 到 B+4）特异性表达，在其他组织中表达一致，明显低于萼片和果实破色期和破色期后四天（B 到 B+4）。表明该基因可能参与萼片的发育和果实的成熟。*SlHDA6* 基因在根和果实中表达量较高，在茎和叶片中表达量较低，在其他组织中表达量基本一致。该基因可能主要参与番茄根的生长发育和果实的发育成熟调控过程，在其他组织如萼片和花的生长发育中也具有一定的调控作用。*SlHDA7* 基因在成熟叶和果实成熟期表达量比较高，在其他组织中表达量次之。我们推测该基因可能参与番茄中乙烯的生物合成进而影响果实的成熟和叶片的衰老。*SlHDA8* 基因在萼片和青果期表达量相对较高，在茎和成熟叶以及果实成熟期表达量最低，其他组织中的表达量居中。推测该基因可能参与萼片和果实的发育调控。与其他组织一致性的表达量相比，*SlHDA9* 基因在青果期表达量相对较高，可能参与番茄果实的发育过程。以上结果表明，几乎所有的番茄 *SlHDACs* 基因都非特异性地表达于番茄各个组织中，进一步说明组蛋白去乙酰化修饰作用于生物体整个生命周期中。同时，该结果也对番茄中 *SlHDACs* 基因的功能做了初步的摸索，与拟南芥中相对应的同源基因在拟南芥植物体中的作用结果基本一致。这些基因各自参与的生物学功能值得进一步研究，目前在拟南芥中的研究成果也表明 *SlHDACs* 基因广泛参与了植物生长发育及应激响应过程（Luo et al., 2012a）。

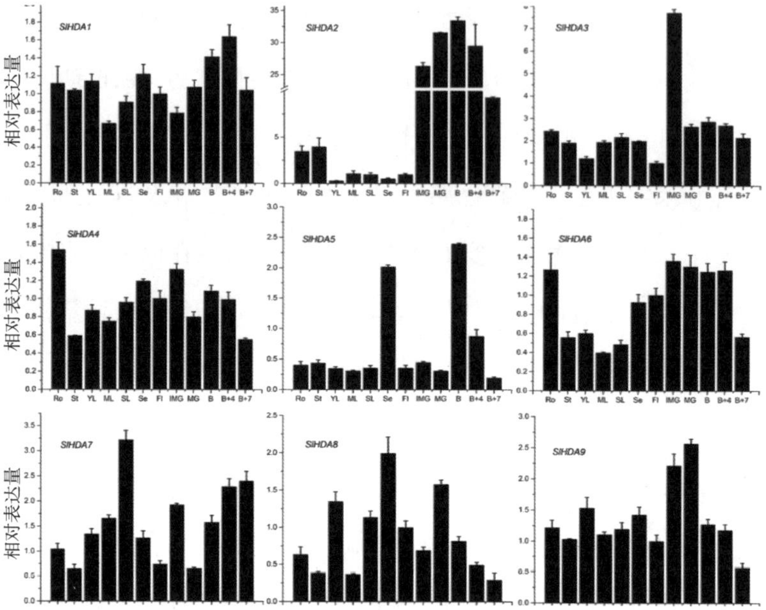

图2.3　*SlHDA1*~*SlHDA9*基因在野生型番茄中的表达模式

Ro，根；St，茎；YL，幼叶；ML，成熟叶；SL，衰老叶；Se，萼片；Fl，花；IMG，青果期；MG，绿果期；B，破色期；B+4，破色期后第4天果实；B+7，破色期后第7天果实。

由于 *SlHDA1* 基因在番茄各组织中持续表达，我们推测该基因可能参与番茄生长发育以及果实成熟各个阶段的调控。结合该基因在拟南芥中的最同源基因 *AtHDA19* 广泛作用于拟南芥生长发育的各个阶段及应激响应过程的调控（Wang et al., 2014），*SlHDA1* 基因最终被筛选来构建沉默载体用于下一步的转基因研究。为了明确 *SlHDA1* 基因是否与果实成熟突变位点相关联，我们检测了 *SlHDA1* 基因在已知果实成熟突变位点的突变体 *Nr*

（为乙烯不敏感突变）和 *rin*（影响果实成熟但不依赖于乙烯途径）中果实不同时期（从 IMG 到 B+7 时期）的表达模式。图 2.4 表明 *SlHDA1* 基因在野生型番茄和突变体中的表达没有显著差异，暗示 *SlHDA1* 的表达不受 *rin* 和 *Nr* 突变位点的影响。

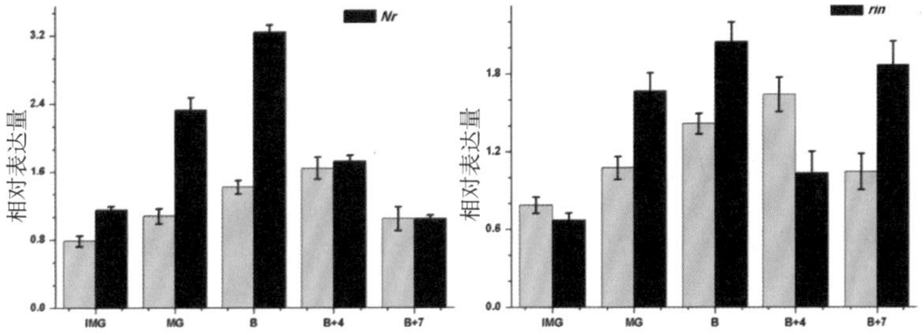

图2.4　*SlHDA1*基因在野生型番茄AC^{++}、突变体番茄*rin*和*Nr*中的表达模式

突变体果实成熟时期标记同野生型番茄。IMG，青果期；MG，绿熟期；B，破色期；B+4，破色期后第4天果实；B+7，破色期后第7天果实。

2.4.4　番茄 *SlHDA1*~*SlHDA9* 基因的非生物胁迫处理表达模式分析

为了探究非生物胁迫对番茄 *SlHDACs* 基因转录调控的影响，研究番茄 *SlHDACs* 基因的潜在功能，我们对野生型番茄进行了高盐、高温、低温和脱水等非生物胁迫处理，并通过定量 RT-PCR 技术对胁迫处理后的 *SlHDACs* 基因表达模式进行了分析。

2.4.4.1 番茄 *SlHDA1~SlHDA9* 基因响应盐胁迫的表达分析

图 2.5 表明盐胁迫处理后，9 个番茄 *SlHDACs* 基因（*SlHDA1~SlHDA9*）在根和叶中的表达都受到不同程度的诱导或被抑制。其中 *SlHDA1*、*SlHDA2*、*SlHDA4*、*SlHDA5* 和 *SlHDA9* 基因在根和叶片中的表达显著上调，*SlHDA7* 基因在根中的表达显著上调，*SlHDA3*、*SlHDA6* 和 *SlHDA8* 基因在根中的表达基本不变；*SlHDA3* 和 *SlHDA6* 基因在叶片中的表达有轻微的上调，*SlHDA7* 和 *SlHDA8* 基因在叶片中的表达却受到抑制。例如，根中 *SlHDA1*、*SlHDA4*、*SlHDA5*、*SlHDA7* 和 *SlHDA9* 基因的诱导水平在盐胁迫处理后 2 h 达到最大值，之后持续下调，*SlHDA2* 基因的诱导水平在盐胁迫处理后 2 h 达到最大值，4 h 时表达降低到基础水平，之后又开始上调，直到 12 h 达到最大值后下调；而叶片中 *SlHDA1*、*SlHDA3*、*SlHDA4*、*SlHDA5*、*SlHDA6* 和 *SlHDA9* 基因的诱导水平在盐胁迫处理后最开始时降低直到 2 h 或 4 h 达到最大值之后又持续下调，*SlHDA2* 基因的诱导水平在盐胁迫处理后 4 h 达到最大值，之后一直持续高水平表达直到 12 h 开始下调，*SlHDA7* 和 *SlHDA8* 基因的转录水平在盐胁迫处理后的叶片中被抑制。以上结果表明，盐胁迫能够诱导番茄中 *SlHDACs* 基因的上调或下调表达，说明这些基因可能参与番茄对盐胁迫的应答。

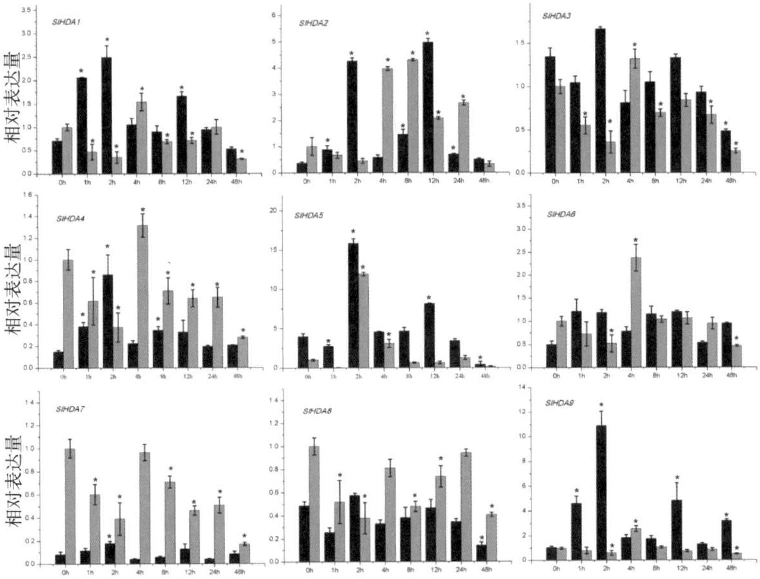

图2.5　*SlHDA1~SlHDA9*基因高盐胁迫处理下在根和叶片中的表达水平

野生型番茄幼苗用250 mmol/L的NaCl溶液灌溉。未经处理叶片样品（0 h）的基因相对表达水平标准化为1。

2.4.4.2　番茄 *SlHDA1~SlHDA9* 基因响应高温和低温胁迫的表达分析

图 2.6 表明，高温胁迫处理后，*SlHDA1*、*SlHDA7* 和 *SlHDA8* 基因的表达在刚开始的 1 h 或 2 h 就被明显诱导，之后下调，直到 24 h 表达水平降到最低点。*SlHDA2*、*SlHDA4* 和 *SlHDA5* 基因的表达在高温胁迫处理后快速上调到相对较高的水平，并且在胁迫处理时间内一直维持着高水平表达。*SlHDA3* 基因的表达在 1 h 内被明显诱导达到最大值后逐渐下调，直至 24 h 回到基础

水平。而 *SlHDA6* 和 *SlHDA9* 基因在高温胁迫后被抑制，表达持续下调。与高温胁迫不同，低温胁迫处理后 *SlHDA1*、*SlHDA4*、*SlHDA5*、*SlHDA7*、*SlHDA8* 和 *SlHDA9* 基因的表达水平在最开始有一个增长趋势，然后开始下降直到 48 h 时表达水平降到最低。*SlHDA2* 基因的表达水平在 2 h 内快速增长并达到最大值，之后开始下调至 12 h 到基础表达水平，然后开始迅速上调至 48 h 达到最高表达水平。*SlHDA3* 和 *SlHDA6* 基因表达在低温胁迫后被抑制。*SlHDACs* 基因对高温和低温胁迫响应的差异表明番茄可能通过不同的机制来响应高温和低温胁迫。

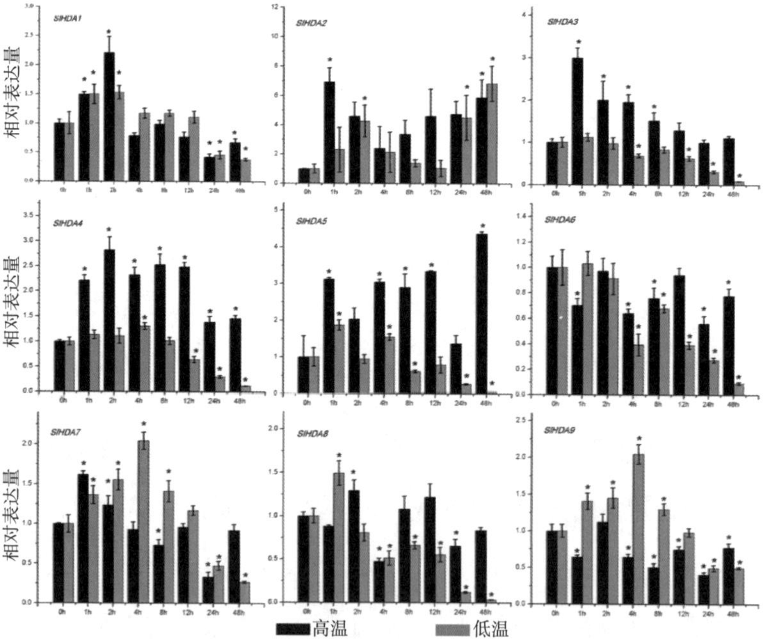

图2.6　*SlHDA1~SlHDA9*基因在高温和低温胁迫处理下叶片中的表达水平

未处理叶样品的基因相对表达水平（0 h）标准化为1。

2.4.4.3　番茄 *SlHDA1~SlHDA9* 基因响应脱水的表达分析

图 2.7 表明，*SlHDA1*、*SlHDA3*、*SlHDA4*、*SlHDA5*、*SlHDA6*、*SlHDA7* 和 *SlHDA8* 基因表达水平受脱水胁迫处理后 4 h 明显上调，之后一直维持高水平表达直至 24 h。*SlHDA2* 基因在 2 h 大量转录积累，*SlHDA9* 的转录水平受脱水胁迫处理 2 h 后迅速积累，而后持续下调。这些结果暗示这些 *SlHDACs* 基因可能参与了脱水胁迫的响应。

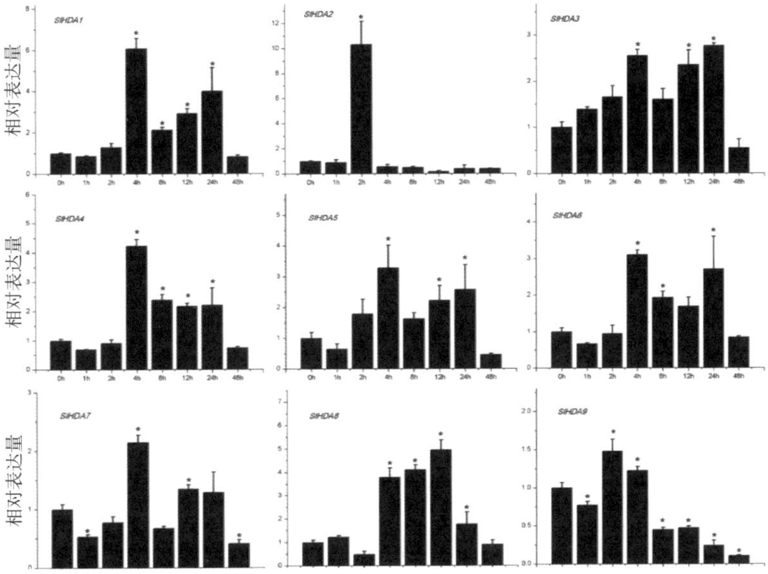

图2.7　*SlHDA1~SlHDA9*基因在脱水胁迫处理下的表达水平

未处理叶样品的基因相对表达水平（0 h）标准化为1。

2.5 讨论

HDACs 参与植物非生物胁迫已有报道（Luo et al., 2012a; Liu et al., 2013b），然而很少有报道是关于番茄中 *SlHDACs* 基因胁迫响应的。在本研究中，我们对 9 个 RPD3/HDA1 亚家族 *SlHDACs* 基因进行了分类鉴定、表达模式分析和非生物胁迫响应表达分析。生物信息学分析结果表明，每个 RPD3/HDA1 亚家族 *SlHDACs* 基因都包含一个典型的组蛋白去乙酰催化结构域来催化去乙酰化活性。进化树分析表明，*SlHDA1* 基因与 *AtHDA19* 基因高度同源，而 *AtHDA19* 基因广泛参与了拟南芥种子的发育和休眠（Perrella et al., 2013；Wang et al., 2013；Zhou et al., 2013）、花的发育（Gonzalez et al., 2007）、叶的形态建成（Tian et al., 2005;Tian et al., 2003）、光信号调控和下胚轴生长（Benhamed et al., 2006）、高温胁迫响应（Long et al., 2006）以及激素信号途径响应（Zhou et al., 2005；Kim et al., 2008；Choi et al., 2012）。每个番茄 *SlHDACs* 基因在拟南芥中都有对应的同源基因，表明它们在番茄中所扮演的角色可能与在拟南芥中类似。具体的生物学功能仍需进一步的研究确定。

基因的表达模式通常可以预测基因的生物学功能。之前的研究表明，*SlHDACs* 基因在番茄植物体生长和发育中起重要作用，包括种子萌发、植物生长、胚胎形成以及配子体发育（Cigliano et al., 2013a; Cigliano et al., 2013b）、开花时间调控（Kim et al., 2013）、叶片衰老、光敏色素 A/B 信号途径响应和下胚轴生长（Liu et al., 2013b）。Cigliano et al.,（2013b）的表达模式分析结果表明，*SlHDACs* 基因在果实中的表达整体高于其他组织，暗示着这些基因在果实发育和成熟中具有一定的调控作用，尤其是 *SlHDA1* 基因和 *SlHDA3* 基因。与该报道结果一致，本研究的表达模式分析结果也表明 *SlHDA1~SlHDA9* 基因在果实中高表达，因此推测它们可能参与了番茄果实的发育和成熟调控。比如，*SlHDA2* 基因在果实中的表达远远高于其他组织，表明它与果实的发育和成熟是密切相关的；*SlHDA3* 基因在青果时期转录水平最高，可能参与了果实发育调控；在果实成熟过程中（B 到 B+7），*SlHDA1* 基因和 *SlHDA7* 基因的表达是上调的，而 *SlHDA4*、*SlHDA6*、*SlHDA8* 和 *SlHDA9* 基因的表达是下调的，预示着它们在果实成熟过程中可能具有相反的生物学功能。

AtHDA19 基因在拟南芥中参与了乙烯信号途径响应（Zhou et al., 2005）。在本研究中，我们发现 *SlHDA1* 基因在果实发育和成熟时期高表达且表达水平持续上调直至破色后 4 d（B+4）。这一表达趋势与 *SlHDA1* 基因在突变体果实 *rin* 和 *Nr* 中类似，表明 *SlHDA1* 基因可能参与乙烯的生物合成和信号转导，并且负调控果实成熟相关转录因子 *MADS-RIN*。

本研究中我们发现每个 *SlHDACs* 基因都参与了非生物胁迫响应，如高盐、高温、低温以及脱水胁迫，这一结果与拟南芥中目前发现的大部分 *HDACs* 基因在非生物胁迫响应中的功能一致（Wang et al., 2014）。正如上述结果部分描述的一样（图2.5~图2.7），*SlHDA1*~S*SlHDA5* 基因明显地被高温胁迫诱导，而 *SlHDA4*、*SlHDA5*、*SlHDA6* 和 *SlHDA8* 基因表达在低温胁迫处理后明显上调；高盐能显著地诱导部分 *SlHDACs* 基因的表达；脱水胁迫下 9 个 *SlHDACs* 基因的表达显著上调。这些结果表明，*SlHDACs* 基因能够响应极端的环境条件，是分子育种过程中提高植株环境胁迫耐受力的优良候选基因。

综上，本研究对 *SlHDACs* 基因组织特异性表达以及多种非生物胁迫响应的分析为继续探究番茄中 *SlHDACs* 基因的功能提供了一定的理论基础。此外，我们发现 *SlHDA1* 基因可能参与番茄果实发育与成熟过程的调控，并且该基因的表达水平受非生物胁迫诱导最为显著，可能在番茄环境胁迫响应中发挥重要作用。

2.6 本章小结

（1）本研究通过生物信息学分析、蛋白质序列比对，共鉴定出 9 个番茄 *SlHDACs* 基因 RPD3/HDA1 亚家族成员，分别为 *SlHDA1*~S*SlHDA9*，并根据蛋白质序列的同源关系将该亚家族蛋白细化为 Class Ⅰ、Class Ⅱ、Class Ⅲ 和 Class Ⅳ 四个小亚家族，进化树分析表明 SlHDA1 蛋白属于 RPD3/HDA1 亚家族 Class Ⅰ 小亚家族。

（2）组织表达模式分析表明 *SlHDA1~SlHDA9* 基因为非特异性表达基因，无明显的组织特异性表达特征。而且 *SlHDA1~SlHDA9* 基因在果实中表达水平相对较高，在其他组织中表达水平相对一致，暗示它们可能参与番茄果实发育和成熟过程的调控。

（3）番茄 *SlHDA1~SlHDA9* 基因的表达能被多种非生物胁迫所诱导，包括 NaCl、脱水、高温和低温等。说明这些基因可能在番茄多种非生物胁迫应答中具有相应的功能。

（4）*SlHDA1* 基因在果实中高量表达，在青果时期表达量较低，而在破色期后 4 d 达到最大值，在野生型番茄中的表达模式与在突变体中的表达模式趋势一致，暗示 *SlHDA1* 基因可能通过参与乙烯的生物合成来调控番茄果实的成熟过程，并且位于 *MADS-RIN* 上游。

第 3 章

SlHDA1 基因的功能研究

3.1 引言

HDACs 基因在其他模式生物中相关报道相对较多，而在番茄中的报道却很少。目前为止，没有任何关于番茄中 *SlHDACs* 基因具体生物学功能的报道。番茄作为研究呼吸跃变型果实成熟的最佳模式植物，它的果实成熟调控机制被广泛研究。第 2 章的研究中，我们筛选到 9 个 *SlHDACs* 基因，并利用 RT-PCR 技术对这 9 个基因进行组织表达模式分析。结果显示 *SlHDA1* 基因在果实成熟时期表达量较高，而在青果期转录水平相对较低，表明它在番茄果实成熟过程中可能参与了相应的调控。该基因的表达水平不受果实成熟突变体 *Nr* 和 *rin* 突变位点的影响，可能作用于果实成熟网络系统中乙烯信号上游位点。在本节中，我们对 *SlHDA1* 基因进行了 RNAi 干扰以抑制该基因的表达，并将构建好的沉默载体利用转基因技术进行野生型番茄转化，获得 *SlHDA1*-RNAi 沉默株系。对 *SlHDA1* 基因在果实发育与成熟过程可能参与的调控机制进行深入研究，以进一步揭示该基因在番茄果实成熟中的功能。

另外，上一章的研究中，我们对 9 个 *SlHDACs* 基因非生物胁迫表达模式分析结果也表明 *SlHDA1* 基因同时参与了多种非生物胁迫响应，说明它在番茄非生物胁迫响应中也具有一定作用，后续工作中也会做进一步的研究来探索该基因在非生物胁迫中的功能。

3.2　材料、试剂和仪器

3.2.1　材料

植物材料：高纯度的野生型番茄，WT（*Solanum lycopersicum* Mill. var. Ailsa Craig, AC++）为主要研究材料；突变体 *Nr*（*never ripe*），*rin*（*ripening inhibitor*）为辅助材料。

实验菌株：大肠杆菌 DH5α、Helper（HB101/pRK2013）、JM109、农杆菌 LBA4404。

质粒：用于构建沉默载体中间载体的 pHANNIBAL（图 3.1）质粒、终载体的 pBIN19（图 3.2）。

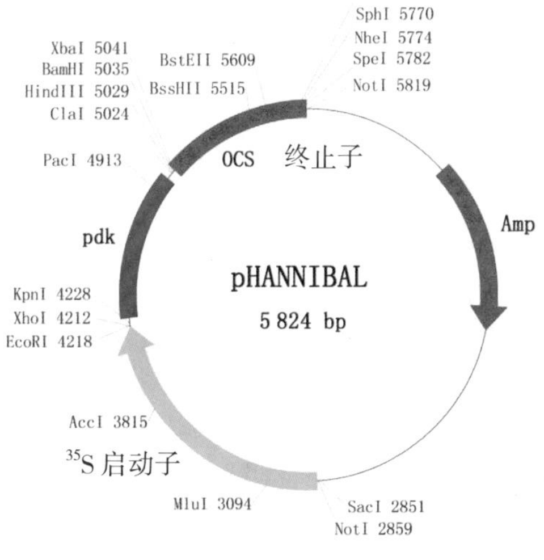

图3.1　pHANNIBAL载体结构图示

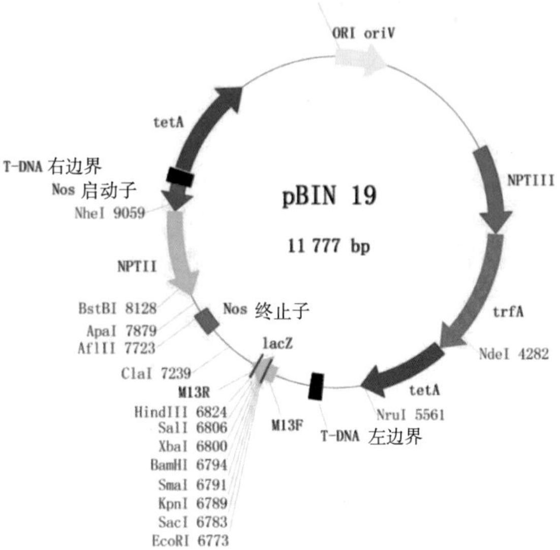

图3.2　pBIN19载体结构图示

3.2.2　仪器与设备

仪器设备如表 3.1 所示。

表 3.1　常用仪器设备汇总表

仪器及型号	生产公司	产地
MyCycler 型 PCR 仪	Bio-Rad	美国
AllegraX-22R 型多功能台式高速离心机	Beckman Coulter	美国
Lambda 900 UV/VIS/NIR 型分光光度计	PerkinElmer	美国
HH B11 型生化培养箱	上海跃进科学仪器厂	中国

续表

仪器及型号	生产公司	产地
超净工作台	苏净集团苏州安泰空气技术有限公司	中国
雷磁 PHS-25 PH 计	上海仪电科学仪器股份有限公司	中国
ATL-031/ATL-032 型智能摇床	上海堪鑫仪器设备有限公司	中国
GXZ 型多段编程光照培养箱	宁波江南仪器厂	中国
HH-4 型数显恒温水浴锅	常州智博瑞仪器制造有限公司	中国
M1-211A 白色微波炉	广东美的厨房电器制造有限公司	中国
ZWY-211C 型恒温培养振荡器	上海智城分析仪器制造有限公司	中国
DBF-900 型多功能塑料薄膜连续封口机	上海市余特包装机械制造有限公司	中国
CanoScan 3000 型扫描仪	佳能公司	中国
7890A 型高效气相色谱仪	Agilent	美国

其他仪器与设备见 2.2.3。

3.2.3　试剂与培养基

（1）常规试剂及药品：RNA 提取试剂 RNAiso plus、M-MuLV 反转录酶、pMD19-T 载体、DNA Ligation Kit Ver. 2.0、高保真酶 PrimeSTAR® 和 *r*-Taq DNA 聚合酶均购自大连 TaKaRa 公司；DNA 纯化试剂盒购自 Omega；常规药品购自 sigma 公司；荧光定量染料试剂、T_4 DNA 连接酶、克隆载体 pGEM®-T-easy-vector 均购自 Promega 公司。

（2）质粒提取相关试剂：

Buffer A：将葡萄糖 50 mmol/L，Tris-HCl（pH 8.0）25 mmol/L，

EDTA 50 mmol/L，溶于双蒸水并定容至 100 mL，高压灭菌后于4℃冰箱贮存；

Buffer B：将 2 mL 10 mol/L NaOH 和 10 mL 10% SDS 混合，用双蒸水定容至 100 mL，室温保存；

Buffer C：取冰乙酸 23 mL 和 5 mol/L 醋酸钾 120 mL，用双蒸水定容至 200 mL，4℃贮存。

（3）RNA 提取相关试剂：

DEPC 处理水：将 DEPC 按照 1∶1 000 的比例加入双蒸水中，充分混匀，高压灭菌后待用。

75% 乙醇：将 75 mL 无水乙醇用 DEPC 处理水定容至 100 mL，混匀待用。

（4）DNA 提取相关试剂（100 mL）：

CTAB 裂解液的配制：将 5% CTAB 80 mL，5 mol/L NaCl 56 mL，10% PEG 8000 20 mL，10% SLS（sodium lauryl sarcosine）6 mL，1 mol/L Tris-HCl（pH=7.0）20 mL，0.5 MEDTA 8 mL 混匀后，加双蒸水定容至 200 mL（pH=8.0）。

（5）电泳相关试剂：

50×TAE 贮存液：Tris 碱 24.2 g，冰乙酸 5.71 mL，0.5 mol/L EDTA（pH 8.0）10 mL，双蒸水定容至 100 mL，充分混匀，常温保存。使用时每 10 mL 的贮存液需加 490 mL 双蒸水以稀释成 1×TAE 进行电泳。

6×DNA Loading Buffer：0.03%（*m*/*V*）溴酚蓝和 0.03%（*m*/*V*）二甲基苯青，60% 甘油，以及 10 mmol/L Tris-HCl（pH=7.0），

60 mmol/L EDTA（pH=8.0），充分混匀后分装于 1.5 mL 管中，4℃保存。

（6）植物组织培养相关试剂、抗生素及培养基：

①种子消毒常用试剂及植物组织培养相关抗生素和激素：

饱和 Na_3PO_4：向 100 mL 双蒸水中加入 Na_3PO_4 固体直至饱和，高压灭菌备用；

1% NaClO：将有效氯含量为 10% 的 NaClO 溶液 10 mL 加无菌水稀释至 100 mL，充分搅拌后避光保存（现配现用）；

氨苄青霉素（Amp, 50 mg/mL）：取 5 g 氨苄青霉素于 100 mL 无菌水中充分溶解，用滤膜过滤除菌后分装，–20℃保存；

饱和 Na_3PO_4：向 100 mL 双蒸水中加入 Na_3PO_4 固体直至饱和，高压灭菌备用；

链霉素（SM, 50 mg/mL）：取 5 g 链霉素于 100 mL 无菌水中充分溶解，用滤膜过滤除菌后分装，–20℃保存；

利福平（Rif, 10 mg/mL）：将 1 g 利福平于 100 mL 甲醇中充分溶解，置于 4℃冰箱避光储存。

激动素（KT, 1 mg/mL）：由于激动素不溶于水，因此取 10 mg 激动素先用少量 1 mol/L 盐酸充分溶解，再用无菌水定容至 10 mL，用滤膜过滤除菌后分装，4℃冰箱保存。

卡那霉素（Kan, 50 mg/mL）：取 5 g 卡那霉素于 100 mL 无菌水中充分溶解，用滤膜过滤除菌后分装，–20℃保存；

羧苄西林（Carb, 100 mg/mL）：取 10 g 羧苄西林于 100 mL 无菌水中充分溶解，用滤膜过滤除菌后分装，–20℃保存；

2,4– 二氯苯氧乙酸（2,4–D, 1 mg/mL）：由于 2,4– 二氯苯氧

乙酸在水中的溶解度小，因此先取 10 mg 2,4– 二氯苯氧乙酸先用少量 1 mol/L NaOH 充分溶解，再用无菌水定容至 10 mL，用滤膜过滤除菌后分装，4℃保存；

吲哚乙酸（IAA, 1 mg/mL）：取 100 mg 吲哚乙酸先用少量 95% 乙醇充分溶解，再用双蒸水定容至 100 mL，用滤膜过滤除菌后分装，4℃保存；

玉米素（ZT, 1 mg/mL）：由于玉米素在水中溶解度低，因此取 100 mg 玉米素先用少量 1 mol/L 盐酸充分溶解，再用双蒸水定容至 100 mL，用滤膜过滤除菌后分装，4℃保存。

②植物组织培养相关培养基：

LB 培养基（1 L）：

试剂组分	用量
胰蛋白胨	10 g
酵母提取物	5 g
NaCl	10 g
加双蒸水至	1 000 mL
pH 为 7.0，固体培养基每 100 mL 加入 1.5 g 琼脂粉，121℃高压灭菌 20 min	

YEB 培养基（1 L）：

试剂组分	用量
牛肉膏	5 g
蛋白胨	5 g
蔗糖	1 g
酵母提取物	5 g
$MgSO_4 \cdot 7H_2O$	0.5 g
加双蒸水至	1 000 mL
pH 为 7.2，固体培养基每 100 mL 加入 1.5 g 琼脂粉，121℃高压灭菌 20 min	

MS 培养基母液的配制：

母液	试剂组分	用量 /（mg/L）
大量元素（20×）	KNO_3	38 000
	NH_4NO_3	33 000
	$CaCl_2 \cdot 2H_2O$	8 800
	$MgSO_4 \cdot 7H_2O$	7 400
	KH_2PO_4	3 400
微量元素（200×）	$MnSO_4 \cdot 4H_2O$	4 460
	$ZnSO_4 \cdot 7H_2O$	1 720
	H_3BO_3	1 240
	KI	166
	$Na_2MoO_4 \cdot 2H_2O$	50
	$CuSO_4 \cdot 5H_2O$	5
	$CoCl_2 \cdot 6H_2O$	5
铁盐（200×）	$Na_2EDTA \cdot 2H_2O$	7 460
	$FeSO_4 \cdot 7H_2O$	5 560
有机物（200×）	肌醇	20 000
	甘氨酸	400
	烟酸	100
	VB_6	100
	VB_1	80

MS 培养基（1 L）：

试剂组分	用量
大量元素（20×）	50 mL
微量元素（200×）	5 mL
有机物（200×）	5 mL
铁盐（200×）	5 mL
蔗糖	30 g
加双蒸水至	1 000 mL
pH 为 5.8~5.9，固体培养基每 100 mL 加入 0.8 g 琼脂粉，121℃高压灭菌 20 min	

MS 盐培养基（1 L）：

试剂组分	用量
20× 大量元素母液	50 mL
200× 微量元素母液	5 mL
200× 铁盐母液	5 mL
蔗糖	15 g
加双蒸水至	1 000 mL
pH 为 5.8~5.9，固体培养基每 100 mL 加入 0.8 g 琼脂粉，121℃高压灭菌 20 min	

（7）果实色素抽提液：

叶绿素提取液：将丙酮和双蒸水按照 80∶20（*V*/*V*）的比例充分混匀，常温避光保存。

类胡萝卜素提取液：将丙酮和正己烷溶液按 40∶60（*V*/*V*）的比例充分混合，常温避光保存。

3.3 实验方法

3.3.1 番茄材料的收集

将野生型番茄 AC $^{++}$ 和突变体番茄 *rin*、*Nr* 的开花期和果实破色期进行挂牌标记，以记录果实不同的生长发育时期。分别收取三种类型番茄果实生长发育五个不同时期的新鲜材料及其野生型番茄其他组织不同器官的新鲜材料用液氮快速冷冻后置于 -80℃ 冰箱保存备用。

3.3.2　植物基因组 DNA 的提取

采用 CTAB 法进行植物基因组 DNA 提取，具体步骤如下：

（1）将组织样品用液氮充分研磨。

（2）将充分研磨的样品粉末取适量到预冷的 2 mL 离心管中，加入 CTAB Buffer 1 mL（65℃预热完成）和 β－巯基乙醇 20 μL，充分颠倒混匀。

（3）将混匀的离心管 65℃水浴（每隔 5 min 颠倒混匀一次）孵育 15 min。

（4）向离心管中加入 24∶1（*V*/*V*）的氯仿和异戊醇混合物 714 μL，颠倒混匀。

（5）8 000 r/min 4℃离心 5 min，将上清液轻轻吸取并转移到新的 1.5 mL 离心管中，然后加入相同体积的异丙醇颠倒混匀。

（6）8 000 r/min 4℃离心 5 min，小心倒出上清，75% 的乙醇清洗沉淀。

（7）12 000 r/min 4℃离心 10 min，除去乙醇，室温干燥。

（8）加入 10 mg/mL Rnase A 1 μL、1 × TE（或水）100 μL，室温放置溶解沉淀。

（9）1.5% 琼脂糖凝胶电泳检测，测定 DNA 浓度以及质量，检测无误后于 -20℃冰箱保存。

3.3.3 总 RNA 的提取及 cDNA 的合成

见 2.3.3 和 2.3.4。

3.3.4 *SlHDA1* 基因的克隆

SlHDA1 基因是在 3.3.2 中 9 个 *SlHDACs* 基因 *SlHDA1~SlHDA9* 组织表达模式和胁迫响应结果综合分析的基础上筛选到的可能参与番茄果实成熟和各种非生物胁迫响应的 *SlHDACs* 基因。本节根据 NCBI 数据库相关序列信息，设计出该基因的特异引物，分别从番茄各组织中提取 RNA 并反转为 cDNA 模板，用于克隆 *SlHDA1* 基因的引物见表 3.2。

表 3.2　番茄 *SlHDA1* 基因克隆引物

引物名称	引物序列（5’→3’）	用途
FHDA1-F	TTATCCTTCTGGTTTATAGCTTGG	*SlHDA1* 基因编码区克隆
FHDA1-R	GGTGAGTGAGGGAGATTGT	

3.3.4.1　*SlHDA1* 基因的 PCR 扩增

PCR 扩增利用 PrimeSTAR®（高保真酶）进行，扩增体系如下：

试剂	用量
5 × PrimeSTAR Buffer	5 μL
dNTPs（2.5 mmol/L）	2 μL
FHDA1–F（10 μmol/L）	1 μL
FHDA1–R（10 μmol/L）	1 μL
cDNA 模板	1 μL
PrimeSTAR 酶	0.25 μL
加 ddH_2O 至	25 μL

PCR 程序：94℃预变性 5 min；94℃变性 30 s，58℃退火 30 s，72℃延伸 2 min，35 个循环；72℃ 10 min，4℃保存。

取 4 μL PCR 扩增产物进行琼脂糖凝胶电泳检测（电压为 6 V/cm，琼脂糖凝胶浓度 1.5%，电泳时间为 15~20 min）。验证无误后，剩余 PCR 产物纯化并于 –20℃冰箱储存备用。

3.3.4.2　*SlHDA1* 基因的 PCR 产物与 T 载体的连接

为了进一步确认扩增产物的准确性，需将扩增产物连入测序载体进行片段测序。

（1）因 PrimeSTAR 无加 A 尾功能，因此需要加入 A 尾后连入 T 载体，具体如下：将 10 × PCR buffer（Mg^{2+} free）2.5 μL，dNTP（10 mmol/L）0.4 μL，*SlHDA1* 基因 PCR 产物 15 μL，$MgCl_2$（25 mmol/L）1.5 μL，*r*–Taq 酶（5 U/μL）0.2 μL，加入 PCR 管中，

再加 ddH_2O 至 25.0 μL。充分混匀，72℃反应 30 min 并 4℃保存。

（2）将（1）中获得的加 A 尾并进行纯化后的产物与 pMD19-T 载体使用 DNA Ligation Kit Ver. 2.0 试剂盒（TaKaRa 公司）进行连接。具体如下：*SlHDA1* 基因 PCR 纯化产物 4.5 μL，pMD19-T 0.5 μL，Solution I 5 μL 加入 PCR 管中，充分混匀后于 16℃条件下连接约 16 h。

3.3.4.3　大肠杆菌 DH5α 转化实验

（1）取 100 μL DH5α 感受态细胞溶液置于冰上，将上述连接产物加入感受态细胞溶液中，轻轻吹打混匀后持续冰上放置 30 min。

（2）42℃热激 90 s，然后冰上放置 5 min。

（3）无菌条件下，加 700 μL 的液体 LB 培养基至离心管中，37℃，150 r/min 培养 90 min。

（4）7 000 r/min 离心 3 min。

（5）无菌操作台中将上述离心好的菌液弃去部分上清液（剩余 100 μL 左右）后轻轻吹打混匀菌体，均匀地涂布于的 LB 固体培养基（含有 50 μg/mL Amp）上，倒置于 37℃培养箱中培养约 16 h。

3.3.4.4　菌落 PCR 验证

挑取上述培养基中的单菌落至 10 μL 无菌水中吹打混匀，取混匀液 1 μL 作 PCR 模板进行菌落 PCR 验证，剩余菌液 4℃冰箱保存备用。PCR 体系如下：

试剂	用量
10 × Buffer（Mg^{2+} free）	2.5 μL
$MgCl_2$（25 mmol/L）	1.5 μL
dNTPs（10 mmol/L）	0.5 μL
M13-F（10 μmol/L）	1 μL
M13-R（10 μmol/L）	1 μL
菌液	1 μL
r-Taq 酶（5 U/μL）	0.2 μL
无菌水	17.3 μL

PCR 程序：94℃，预变性 5 min → [94℃，变性 30 s → 58℃，退火 30 s → 72℃，延伸 90 s]$_{\times 35}$ → 72℃，10 min。取 PCR 产物 5 μL 进行琼脂糖凝胶（1.5%）电泳检测。电泳检测条带正确的剩余菌液接种于 20 mL LB 液体培养基（含有 50 μg/mL Amp）中，37℃，250 r/min 震荡培养 16 h。

3.3.4.5　pMD19-T::*SlHDA1* 质粒的提取

在进行菌液质粒提取之前，先将培养好的菌液无菌条件下甘油保存并液氮迅速冷冻，于 -80℃冰箱冻存备用。另取 1 mL 菌液于 1.5 mL 离心管中 8 000 r/min 离心并去除上清作序列检测备用。质粒提取采用碱裂解法，具体步骤如下。

（1）用移液枪将菌液吸入于 1.5 mL 离心管中，13 000 r/min 室温离心 1 min，倒上清，重新加入菌液离心，重复此过程三次以收取菌体；

（2）加入 Buffer A 溶液 250 μL，枪头反复吹打使菌体重悬；

（3）加入 Buffer B 溶液 250 μL，颠倒混匀，室温静置 5 min；

（4）加入 Buffer C 溶液 350 μL ，颠倒混匀，冰上静置 10 min；

（5）13 000 r/min，4℃离心 15 min，将吸取并上清液转移至新的 1.5 mL 离心管中，加入相同体积的冰异丙醇，颠倒混匀，–20℃冰箱中放置 20 min；

（6）13 000 r/min，4℃离心 10 min，倒掉上清，加入 600 μL 70% 乙醇颠倒混匀洗涤沉淀两次；

（7）13 000 r/min，4℃瞬时离心，用枪头吸出乙醇残液，室温干燥；

（8）加入灭菌水 50 μL 溶解质粒，同时加入 10 mg/mL Rnase A 1 μL 消化，37℃孵育 20 min 使质粒充分溶解。

将溶解充分的质粒进行琼脂糖凝胶（1.5%）电泳检测，验证无误后，将对应的菌液送测序，测序结果比对一致的质粒保存于 –40℃冰箱保存备用，命名为 pMD19–T::*SlHDA1*。

3.3.5 *SlHDA1* 基因 RNAi 沉默载体的构建

SlHDA1 基因沉默载体的构建是以 pHANNIBAL 为中间载体，pBIN19 为终载体进行的。将沉默目的片段进行通 PCR 扩增及酶切重组，使得正反向片段先后连入 pHANNIBAL 中间载体形成发卡结构，再将包含启动子和终止子的发卡结构酶切并连接进 pBIN19 终载体。构建流程见图 3.3。具体步骤如下。

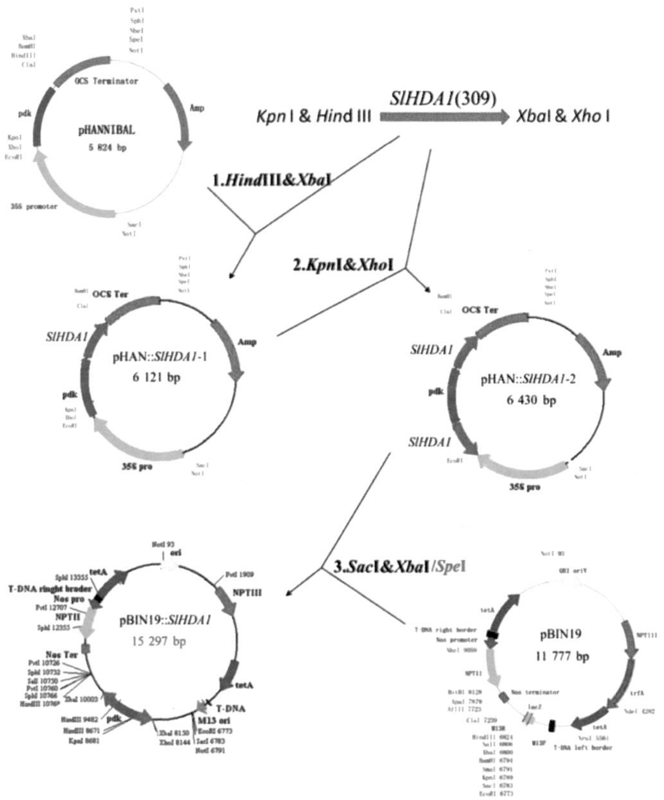

图3.3　*SlHDA1*基因RNAi干扰沉默载体构建流程图

3.3.5.1　沉默目的片段克隆

以 3.3.4 获得的 pMD19-T::*SlHDA1* 质粒为模板，利用引物 SlHDA1-RNAi-F 和 SlHDA1-RNAi-R 进行沉默片段扩增。其中 SlHDA1-RNAi-F 和 SlHDA1-RNAi-R 引物的 5’端分别加上 *Xba* I & *Xho* I 以及 *Hind* III & *Kpn* I 酶切位点。

沉默片段 PCR 扩增引物如下：

SlHDA1-RNAi-F：5’**CGG**（GGTAC）CGGATCCCTGAAGGAAAAGGCACGG3’

［注：（ ）为 *Kpn* I 酶切位点；下划线为 *Hin*d III 酶切位点；黑体为保护碱基］。

SlHDA1-RNAi-R：5’**CCG**（CTCGAG）TCTAGAGAGGGAGATTGTTCATGGATC3’

［注：（ ）为 *Xho* I 酶切位点；下划线为 *Xba* I 酶切位点；黑体为保护碱基］。

PCR 反应体系如下：

试剂	用量
10 mmol/L dNTPs mix	1 μL
25 mmol/L $MgCl_2$	3 μL
10 × PCR buffer（Mg^{2+} free）	5 μL
SlHDA1-RNAi-F（10 μmol/L）	2 μL
SlHDA1-RNAi-R（10 μmol/L）	2 μL
pMD19-T::*SlHDA1* 质粒（稀释 100 倍）	1 μL
r-Taq 酶（5 U/μL）	0.4 μL
加 ddH_2O 至	50 μL

PCR 程序为：94℃，预变性 5 min → [94℃，30 s → 56℃，30 s → 72℃，45 s]$_{\times 35}$ → 72℃，10 min。取 PCR 产物 5 μL 用琼脂糖凝胶（1.5%）电泳检测，无误后将剩余 PCR 产物经纯化并测定浓度，于 -20℃冰箱保存待用。

3.3.5.2　*SlHDA1* 基因正向片段的插入

将 3.3.5.1 中获得的 PCR 纯化产物和 pHANNIBAL 载体质粒用 *Hin*d III 和 *Xba* I 进行双酶切（图 3.3）。酶切体系如下：

试剂	用量
10 × M Buffer	5.0 μL
SlHDA1 目的片段 /pHANNIBAL 质粒	2.0 μg
*Hin*d III（8 U/μL）	1.0 μL
Xba I（8 U/μL）	1.0 μL
加 ddH_2O 至	50 μL

37 ℃酶切 8 h，取 5 μL 酶切消化产物进行琼脂糖凝胶（1.5%）电泳检测，确认酶切效果无误后，将剩余酶切消化产物用 DNA 纯化试剂盒纯化。

用 DNA 连接试剂盒将纯化后的 pHANNIBAL 载体和目的片段进行连接（如 3.3.4.2 所述），连接体系如下：

试剂	用量
pHANNIBAL 质粒	0.5 μL
SlHDA1 目的片段	4.5 μL
Solution I	1.0 μL

以上体系混匀后 16 h 过夜连接。

大肠杆菌 DH5 α 感受态转化（参考 3.3.4.3）、菌落 PCR 筛选（参考 3.3.4.4）以及质粒的提取（参考 3.3.4.5）后进行酶切验证，酶切验证体系如下：

试剂	用量
10 × M Buffer	5.0 μL
pHANNIBAL::*SlHDA1*	2.0 μg
*Hin*d III（8 U/μL）	1.0 μL
Xba I（8 U/μL）	1.0 μL
加 ddH_2O 至	50 μL

酶切验证后，将正确菌液送测序，进行进一步正向序列比对。序列比对一致的转化子命名为 pHANNIBAL::*SlHDA1*–1。所对应的菌液 –80℃冰箱冻存备用，所提取到的质粒 –20℃冰箱保存备用。

3.3.5.3　*SlHDA1* 基因反向片段的插入

如图 3.3 所示，将 3.3.5.2 中获得的 pHANNIBAL::*SlHDA1*–1 质粒和 3.3.5.1 中获得的 PCR 纯化产物用 *Kpn* I 和 *Xho* I 进行双酶切，酶切体系参照 3.3.5.2。纯化酶切产物后进行连接（连接体系参考 3.3.4.2）、大肠杆菌 DH5 α 感受态细胞转化（如 3.3.4.3）、菌落 PCR 筛选（如 3.3.4.4）以及质粒的提取（如 3.3.4.5）并酶切验证。酶切验证后，将正确菌液送测序，进行进一步反向序列比对。序列比对一致的转化子命名为 pHANNIBAL::*SlHDA1*–2。液菌 –80℃冰箱冻存备用，提取到的质粒 –20℃冰箱保存备用。

3.3.5.4　*SlHDA1*-RNAi 终载体的构建

将 3.3.5.3 中获得的 pHANNIBAL::*SlHDA1*–2 质粒用 *Sac* I 和

Spe I 进行双酶切，将 pBIN19 质粒用 *Spe* I 的同尾酶 *Xba* I 和 *Sac* I 进行双酶切。酶切体系参照 3.3.5.2。纯化酶切产物后进行连接（连接体系参考 3.3.4.2）、大肠杆菌 DH5 α 感受态细胞转化（如 3.3.4.3）、菌落 PCR 筛选（如 3.3.4.4）以及质粒的提取（如 3.3.4.5）并酶切验证。酶切验证后，验证体系如下：

试剂	用量
10 × M Buffer	5.0 μL
pBIN19::*SlHDA1*	2.0 μg
Spe I（8 U/μL）	1.0 μL
Sac I（8 U/μL）	1.0 μL
加 ddH_2O 至	50 μL

37℃酶切 4 h，酶切产物进行琼脂糖凝胶（1.5%）电泳检测。酶切验证无误后，将对应的菌液送测序，测序结果无误后的转化子命名为 pBIN19::*SlHDA1*。菌液 –80℃冰箱保存备用，质粒 –20℃冰箱保存备用。

3.3.6　双元质粒的农杆菌结合转移

将构建好的植物双元质粒 pBIN19::*SlHDA1*，依靠大肠杆菌 HB101/pRK2013（Helper）菌种的结合转移特征转化到农杆菌 LBA4404 菌种中，步骤如下。

（1）将 –80℃冰箱冻存的农杆菌菌株 LBA4404 在双抗 YEB 固体培养基（含 50 μg/mL Rif 和 500 μg/mL SM）上活化，倒置于 28℃黑暗培养 2 ~ 3 d。

（2）将已含有目标质粒（pBIN19::*SlHDA1*）的大肠杆菌DH5α和大肠杆菌Helper在LB固体培养基（含50 μg/mL Kan）上活化，倒置于37℃培养16 h。

（3）在LB固体培养基上（不含抗生素）将挑取到的以上三种菌株活化完成的单菌落混合涂布（约直径1 cm的菌圈），倒置于28℃黑暗培养1 d。

（4）将以上混合菌株在三抗YEB固体培养基（含有50 μg/mL Kan、50 μg/mL Rif及500 μg/mL SM）上划线，倒置于28℃黑暗培养2~3 d。

（5）将三抗YEB固体培养基中长出的单菌落挑取并接种于三抗YEB液体培养基（含有50 μg/mL Kan、50 μg/mL Rif及500 μg/mL SM）中，28℃，200 r/min黑暗培养1.5 d后，菌落PCR筛选，酶切质粒验证，阳性农杆菌菌液 -80℃冰箱保存备用。

3.3.7 农杆菌LBA4404介导的番茄基因转化

3.3.7.1 番茄种子消毒

（1）取适量野生型番茄种子于50 mL离心管中（高压灭菌），加入75%酒精，振荡离心管2 min，无菌水冲洗3次。

（2）加入饱和Na_3PO_4（高压灭菌）适量，震荡离心管20 min，无菌水冲洗3次。

（3）向离心管中加入 1% NaClO（*V*/*V*）约 30 mL 浸泡种子 10 min，无菌水冲洗 7 次。

（4）灭菌完成后的种子放入 200 mL 组培瓶，加入适量无菌水，100 r/min 28℃振荡培养至种子开始萌芽。

（5）萌芽后的番茄种子播种于 MS 固体培养基上，光照培养箱（27℃，光照 16 h；19℃，黑暗 8 h）培养至子叶完全舒展开。

3.3.7.2　农杆菌 LBA4404 介导的含目的片段载体转化番茄子叶外植体

（1）将 3.3.6.5 中保存的已转化的阳性农杆菌菌株 LBA4404（含有目标质粒 pBIN19::*SlHDA1*）在三抗 YEB 固体培养基（含 50 μg/mL Kan、50 μg/mL Rif 和 500 μg/mL SM）上活化，28℃黑暗倒置培养 2 d。

（2）挑农杆菌单菌落于 20 mL 三抗 YEB 液体培养基（含 50 μg/mL Kan、50 μg/mL Rif 和 500 μg/mL SM）中，28℃，200 r/min 条件下黑暗培养 1.5 d。

（3）将 3.3.7.1 步骤（5）中已展开的番茄子叶两端切除后，在 MS 液体培养基（含 10 μg/mL KT 和 0.2 μg/mL 2,4–D）中浸泡 1 h，吸干残留的培养基后放置于 MS 固体培养基（含 1.75 μg/mL ZT 和 1 μg/mL IAA）上，光照培养箱（27℃，光照 16 h；19℃，黑暗 8 h）预培养 1 d。

（4）取步骤（2）中培养的农杆菌菌液 1 mL 加入 100 mL 三抗 YEB 液体培养基（含 50 μg/mL Kan、50 μg/mL Rif 和 500 μg/mL

SM）中，28℃，200 r/min 条件下黑暗培养至菌液 A_{600} 达到 1.8 ~ 2.0（约 18 h）。

（5）将培养好的农杆菌菌液分装至 50 mL 离心管中（高压灭菌），5 000 r/min，室温离心 8 min，无菌条件下弃上清后再加入新鲜的 YEB 液体培养基使菌体重悬。5 000 r/min，室温离心 8 min，弃上清后于无菌操作台中加入适量 MS 盐液体培养基重悬菌体。

（6）将步骤（3）中预培养 1 d 的子叶浸泡在上述 MS 盐液体培养基重悬的农杆菌菌液中 15 min，用滤纸吸干残留农杆菌菌液，重新放回原来的培养基上，光照培养箱（27℃，光照 16 h；19℃，黑暗 8 h）共培养 2 d。

（7）将步骤（6）中的番茄子叶倾斜插入抗性 MS 固体培养基（含 1.0 μg/mL IAA、75 μg/mL Kan、500 μg/mL Carb 及 1.75 μg/mL ZT）上，光照培养箱（27℃，光照 16 h；19℃，黑暗 8 h）培养，每隔两周更换一次培养基，直至愈伤组织发育完成。

（8）将愈伤组织切成小块，于 MS 固体培养基（含 500 μg/mL Carb、50 μg/mL Kan、1.75 μg/mL ZT 及 1.0 μg/mL IAA）上培养以诱导出苗，光照培养箱（27℃，光照 16 h；19℃，黑暗 8 h）培养。

（9）将已长出茎的番茄幼苗切取并转移至 MS 固体生根培养基（50 μg/mL Kan 及 250 μg/mL Carb）上诱导生根。光照培养箱（27℃，光照 16 h；19℃，黑暗 8 h）培养。生根后的幼苗继代培养以进行后续相关实验。

3.3.8 *SlHDA1* 基因沉默阳性转基因番茄株系的筛选

利用终载体 pBIN19 含有标记基因 *NPT II*（*Neomycin phosphotransferase*）这一特征，我们以基因组 DNA 为模板，普通 PCR 技术来鉴定阳性转基因番茄植株。鉴定所用引物如表 3.3 所示。

表 3.3　*SlHDA1*-RNAi 阳性转基因株系鉴定所用引物

引物名称	引物序列（5'→3'）	用途
NPT II-F	GACAATCGGCTGCTCTGA	阳性转基因株系鉴定
NPT II-R	AACTCCAGCATGAGATCC	

提取各转基因番茄株系及野生型 AC^{++} 的基因组 DNA，进行阳性转基因鉴定，PCR 反应体系如下：

试剂	用量
10 × Buffer（Mg^{2+} free）	2.5 μL
$MgCl_2$（25 mmol/L）	1.5 μL
dNTPs（10 mmol/L）	0.5 μL
NPT II-F（10 μmol/L）	1 μL
NPT II-R（10 μmol/L）	1 μL
菌液	1 μL
r-Taq 酶（5 U/μL）	0.2 μL
无菌水	17.3 μL

PCR 程序为：94℃，预变性 5 min → [94℃，30 s → 56℃，30 s → 72℃，45 s]$_{\times 35}$ → 72℃，10 min。取 PCR 产物 5 μL 用琼脂糖凝胶（1.5%）电泳检测，验证结果为阳性转基因株系的番茄植株用于后续研究。

3.3.9 *SlHDA1* 基因沉默转基因番茄株系表达水平检测

为了准确鉴定阳性番茄 *SlHDA1* 基因转基因株系的沉默效率，我们收取了野生型以及 *SlHDA1* 基因沉默转基因株系番茄幼叶（YL）、绿熟期（MG）、破色期（B）、破色期四天后（B+4）和破色期七天后（B+7）的果实生物材料，提取 RNA 并反转录为 cDNA（如 2.3.3 和 2.3.4），以 *CAC* 基因（表 2.4）为内参，利用实时定量 PCR 技术检测 *SlHDA1* 基因（表 2.4）表达水平。

3.3.10 果实总叶绿素及类胡萝卜素的提取

番茄果实中色素的提取是在之前报道（Forth and Pyke 2006）的基础上改进的，具体方法如下。

（1）将采集到的野生型和 *SlHDA1* 沉默转基因株系各时期包括绿熟期（MG）、破色期（B）、破色期四天后（B+4）和破色期七天后（B+7）的果实沿赤道线位置切取 5 mmol/L 宽环，称重。

（2）将切出的样品液氮充分研磨成粉放入 50 mL 离心管中，

加入类胡萝卜素或总叶绿素抽提液［丙酮混合液或 60∶40（*V*/*V*）正己烷］10 mL，涡旋混匀。

（3）常温条件下 4 000 r/min 离心 5 min，将上清液吸取并转移至一新的 50 mL 离心管中，遮光保存。沉淀用新鲜抽提液重复抽提两次，所得上清液迅速在 450 nm、643 nm 和 647 nm 处测定溶液的吸光度。

（4）类胡萝卜素和总叶绿素的含量分别用下列公式计算：总类胡萝卜素（mg/mL）$=A_{450}/0.25\times$ 抽提液体积（mL）/ 材料鲜重（g）；总叶绿素含量（mg/mL）$=(20.2\times A_{647}+8.02\times A_{643})\times$ 抽提液体积（mL）/ 材料鲜重（g）。

3.3.11　乙烯三重检验

将 *SlHDA1* 转基因和野生型 AC^{++} 番茄种子（T2 代种子）消毒、振荡培养至出芽后，取出芽状态一致的种子播种于含不同浓度 ACC 的 MS 培养基上，黑暗（27℃，16 h；19℃，8 h）培养 7 d，测定根和下胚轴的长度。

3.3.12　果实乙烯合成量的测定

乙烯含量测定具体方法如下（Chung et al., 2010）。

（1）将收集到的破色期（B）、破色期四天后（B+4）和破色期七天后（B+7）的番茄果实称重并测体积。

（2）将上述果实 100 mL 广口瓶中放置 3 h，以降低采集过程因伤害而产生的乙烯产物对乙烯含量测定的影响。

（3）密封广口瓶，室温放置 24 h 收集乙烯气体。用取样器抽取广口瓶中收集到的气体 1 mL 注入高效气相色谱仪测定各样品中乙烯的含量。

（4）所测样品的数据根据乙烯标准品气体绘制的标准曲线计算以进一步确定乙烯浓度。

3.3.13　*SlHDA1* 转基因对番茄果实耐贮藏性的影响

番茄果实的贮藏期是评价番茄经济价值的一个重要指标。为了进一步探索 *SlHDA1* 基因沉默对番茄贮藏期的影响，我们分别收集了野生型 AC^{++} 和转基因番茄破色期七天后（B+7）的果实，室温条件下放置于干燥的滤纸上，每天观察番茄果实的变化并拍照来记录分析番茄果实的耐贮藏。

3.3.14　*SlHDA1* 转基因对成熟相关基因表达的影响

提取野生型 AC^{++} 和 *SlHDA1* 转基因株系番茄果实 RNA 并反转录成 cDNA。以 *CAC* 基因（表 2.4）作为内参基因（Exposito-Rodriguez et al., 2008），分别检测类胡萝卜素代谢合成相关基因（*PSY1*、*LCY-B*、*LCY-E* 和 *CYC-B*）（Oeller et al., 1991;Alba et al., 2005；Fraser and Bramley 2004；Fraser et al., 1994；Bramley

2002；Bird et al., 1991；Hirschberg 2001；Ronen et al., 2000）、乙烯合成及信号转导基因（*ACS2*、*ACS4*、*ACO1*、*ACO3* 和 *ERF1*）(Giovannoni 2001；Barry and Giovannoni 2007;Alexander and Grierson 2002；Barry et al., 2000；Liu et al., 2016)、果实成熟相关基因（*RIN*、*E4*、*E8*、*Cnr*、*TAGL1*、*PG*、*Pti4* 和 *LOXB*）(Giovannoni et al., 1989；Xu et al., 1996；Lincoln and Fischer 1988；Deikman and Fischer 1988；Gimenez et al., 2015；Vrebalov et al., 2009；Itkin et al., 2009；Wilkinson et al., 1995；Vrebalov et al., 2002；Manning et al., 2006；Griffiths et al., 1999）和果壁细胞代谢相关基因（*HEX*、*MAN*、*TBG4*、*XTH5* 和 *XYL*）(Itai et al., 2003；Sun et al., 2012；Miedes and Lorences 2009；Meli et al., 2010）在转基因和野生型番茄果实中的转录水平。引物序列见表 3.4。

表 3.4　类胡萝卜素代谢合成、乙烯合成与信号转导、果实成熟及果壁细胞等相关基因的定量 PCR 引物序列

基因名称	引物序列（5’ →3’）	基因功能
LCYE-Q-F	GCCACAGGTTATTCAGTCGTCA	类胡萝卜素合成相关基因
LCYE-Q-R	CCAGTCCAAATAGGAAAAACGAT	
LCYB-Q-F	TTGACTTAGAACCTCGTTATTGG	
LCYB-Q-R	AACAGTTCCCTTTGTCATTATCTC	
PSY1-Q-F	AGAGGTGGTGGAAAGCAA	
PSY1-Q-R	TCTCGGGAGTCATTAGCAT	类胡萝卜素合成相关基因
CYCB-Q-F	CGACGTGATCATTATCGGAGC	
CYCB-Q-R	GTGGTGAAGGGTCAACACAACA	

续表

基因名称	引物序列（5’ →3’ ）	基因功能
ACO1-Q-F	ACAAACAGACGGGACACGAA	乙烯生物合成相关基因
ACO1-Q-R	CTCTTTGGCTTGAAACTTGA	
ACS2-Q-F	GAAAGAGTTGTTATGGCTGGTG	
ACS2-Q-R	GCTGGGTAGTATGGTGAAGGT	
ACO3-Q-F	CAAGCAAGTTTATCCGAAAT	
ACO3-Q-R	CATTAGCTTCCATAGCCTTC	
ERF1-Q-F	TTTTAGTATCGGATGGACG	
ERF1-Q-R	GGCGGAGAAACAGAAGTA	
ACS4-Q-F	GCTCGGAGGTAGGATGGTTTC	
ACS4-Q-R	GTTCCTCTTCCATTGTGCTTGT	
E4-Q-F	AGGGTAACAACAGCAGTAGCA	果实成熟相关基因
E4-Q-R	CCCAACCTCCGTCTTCAC	
E8-Q-F	GGCACCATTCAACATACCG	
E8-Q-R	CTTTCACCGAAGAAGCACG	
LOXB-Q-F	TGCTACAATGACTTGGGTGAA	
LOXB-Q-R	CCTGTCCTGCCTCTACG	
RIN-Q-F	GGAACCCAAACTTCATCAGA	
RIN-Q-R	TTGTCCCAAATCCTCACCTA	
PG-Q-F	ATACAACAGTTTTCAGCAGTTCAAGT	
PG-Q-R	GGTTTTCCACTTTCCCCTACTAA	
Cnr-Q-F	CGGCAACTCCTCTTAGCATC	
Cnr-Q-R	GCCACAAGGTGTGTGAGTTC	
TAGL1-Q-F	AAAAGAGGGAGATTGAGCTGC	
TAGL1-Q-R	CTCTACCTCTGCTATCTTTGCG	
Pti4-Q-F	CTCTAAGCGTCGGATGGTC	
Pti4-Q-R	AATGTCTTCCTTTCGGTGTTT	

续表

基因名称	引物序列（5’→3’）	基因功能
XTH5-Q-F	CCACCACCAGAGTGCGAGAT	果壁细胞代谢相关基因
XTH5-Q-R	TTTTCTTAGGATGACGATGTCCG	
HEX-Q-F	GCAGAAGCATTGTGGTCAGGA	
HEX-Q-R	TCAGCACCTATTCCCCTAGAAAC	
TBG4-Q-F	AAATGGTGAAGGCGTAGGTCG	
TBG4-Q-R	AGGTTGTCCGCAGTTAGTCTGG	
XYL-Q-F	TGATCGGCAATTATGAAGGTATTC	
XYL-Q-R	CAGCACATCCTGGCTTGTAAAT	
MAN-Q-F	ACACCGTCCTCCTGAGATTGG	
MAN-Q-R	GAGCCTCTGCTTTCCACTTTAATC	

3.3.15　*SlHDA1* 转基因株系的盐胁迫耐受力分析

3.3.15.1　番茄种子萌芽后的盐处理实验

将 *SlHDA1* 转基因和野生型 AC^{++} 番茄种子（T2 代种子）消毒、振荡培养至出芽后，取出芽状态一致的种子播种于含不同浓度 NaCl 的 MS 培养基上，光照培养箱（27℃，光照 16 h；19℃，黑暗 8 h）培养 7 d，测定根和下胚轴的长度。

3.3.15.2　番茄幼苗盐胁迫耐受力分析

选取长势一致的 7 周大小的 *SlHDA1* 转基因株系和野生型 AC^{++} 番茄幼苗放置于塑料托盘中，每隔 48 h 浇灌不同浓度的 NaCl 溶液，持续观察番茄幼苗的生长状态并进行采样和拍照记录。

3.3.16 *SlHDA1* 转基因番茄对 ABA 敏感性分析

将 *SlHDA1* 转基因和野生型 AC^{++} 番茄种子（T2 代种子）消毒、振荡培养至出芽后，取出芽状态一致的种子播种于含不同浓度 ABA 的 MS 培养基上，光照培养箱（27℃，光照 16 h；19℃，黑暗 8 h）培养 7 d，测定根和下胚轴的长度。

3.3.17 *SlHDA1* 转基因株系的干旱胁迫耐受力分析

选取长势一致的 7 周大小的 *SlHDA1* 转基因株系和野生型 AC^{++} 番茄幼苗放置于塑料托盘中，少量多次地充足浇水后不再浇水，持续观察番茄幼苗的生长状态并进行采样和拍照记录。

3.3.18 *SlHDA1* 转基因株系胁迫处理后各生理指标的测定

3.3.18.1 番茄叶片叶绿素含量的测定

将采集到的野生型 AC^{++} 和 *SlHDA1* 转基因株系同一部位的叶片称重后液氮充分研磨成粉，放入 50 mL 离心管中，加入总叶绿素抽提液（丙酮混合液）10 mL，涡旋混匀。常温条件下 4 000 r/min 离心 5 min，将所得上清液转移至一新的 50 mL 离心管中，遮光保存。样品沉淀用新鲜抽提液重复抽提两次，所得上清液分别在 647 nm 和 643 nm 处测定吸光度。总叶绿素含量计算公式：总叶绿素含量（mg/mL）=（$20.2 \times A_{647} + 8.02 \times A_{643}$）× 抽提液体积（mL）/ 材料鲜重（g）。

3.3.18.2　番茄叶片相对含水量（RWC）的测定

取大小一致，长势相当的番茄叶片 15~20 片，称鲜重（标记为 m_f），放入培养皿后注满水静置 24 h，然后取出叶片并用滤纸吸干叶片表面的残留水分，称重（标记为 m_t），最后将叶片放入干燥的培养皿烘干至恒重，称重（标记为 m_d）。番茄叶片的相对含水量计算公式：RWC（%）=（$m_f - m_d$）/（$m_t - m_d$）× 100（Zhu et al., 2014；Pan et al., 2012）。

3.3.18.3　番茄叶片失水速率的测定

取大小一致，长势相当的番茄叶片 15~20 片称重后室温条件下置于干燥的滤纸上，每 20 min 进行一次称重，直至 200 min。每组实验三次生物重复。用叶片首次称重的百分比表示番茄叶片的失水速率。

3.3.19　*SlHDA1* 转基因对胁迫相关基因表达的影响

提取胁迫过程中采集到的 *SlHDA1* 转基因株系及野生型 AC^{++} 番茄叶片和根的总 RNA 并反转录为 cDNA（如 2.3.3 和 2.3.4）。

以 *EF1α* 基因（表 2.4）作为内参基因（Nicot et al., 2005），检测胁迫相关基因（表 3.5）在转基因番茄和野生型 AC^{++} 番茄中的表达水平。其中，*PR1* 和 *PR5* 是两个病理相关基因（Lim et al., 2010），*APX1* 和 *APX2* 是两个抗坏血酸过氧化物酶基因（Najami et al., 2008），*P5CS* 是脯氨酸（Pro）代谢合成的关键基因（Kishor et al., 1995），*GME2* 是抗坏血酸生物合成的关键基因（Zhang et al., 2011）。每个基因进行三次生物重复，每次实验技术重复三次。

表 3.5　胁迫相关基因的定量 PCR 引物序列

基因名称	引物序列（5’ →3’ ）	基因功能
PR5-Q-F	AATGTTCTGTCCTTATGGCTCTACTC	胁迫相关基因
PR5-Q-R	TGGCTACACTCATGATGAATCTACTTA	
PR1-Q-F	TTGTCGAGGAAAATAAAATCCAG	
PR1-Q-R	ACACACATCCAATAAAGCCCAC	
APX2-Q-F	TCAGTGATCCTGCTTTCCGC	
APX2-Q-R	TGTCACCACCCTCCCAACTCT	
APX1-Q-F	CTGATGTTCCCTTTCACCCTG	
APX1-Q-R	ATTTCAATAGAAGTTCCCAGTAGCA	
GEM2-Q-F	CCATCACATTCCAGGACCAGA	
GEM2-Q-R	CGTAATCCTCAACCCATCCTTC	
P5CS-Q-F	TGCTGTAGGTGTTGGTCGTCA	
P5CS -Q-R	TGCCATCAAGCTCAGTTTGTG	

3.4　结果与分析

3.4.1　*SlHDA1* 转基因番茄苗系的培育及筛选

为了验证 *SlHDA1* 基因 RNAi 沉默植物双元载体（pBIN19::*SlHDA1*）构建的准确性和完整性，我们分别用 *Sac* I 和 *Spe* I 酶进行了双酶切及其单酶切验证，结果如图 3.4 所示，单酶切将环状质粒切为线性质粒，双酶切可切出 3 000 bp 大小的两个片段。表明该 RNAi 沉默载体构建正确。

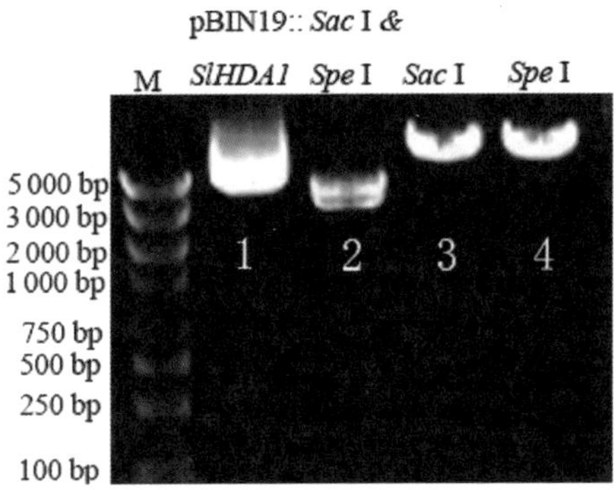

图3.4　*SlHDA1*基因 RNAi沉默载体*Sac* I & *Spe* I酶切验证

M：DL2000 plus；1：pBIN19- *SlHDA1*质粒对照；2：pBIN19- *SlHDA1*的*Sac* I & *Spe* I 酶切结果；3:pBIN19- *SlHDA1*的*Sac* I单酶切结果；4：pBIN19- *SlHDA1*的*Spe* I单酶切结果

通过结合转移，我们将构建好的 *SlHDA1* 基因 RNAi 沉默植物双元载体的 pBIN19::*SlHDA1* 质粒转入农杆菌 LBA4404 菌株，并利用农杆菌菌株侵染野生型番茄幼苗的子叶外植体，培育出了 5 个独立的沉默 pBIN19::*SlHDA1* 番茄再生株系。

5 个独立沉默的 pBIN19::*SlHDA1* 番茄再生株系 *NPT II* 基因的 PCR 结果如图 3.5 所示，均为 *NPT II* 阳性。表明 pBIN19::*SlHDA1* 双元载体的 T-DNA 区已经成功整合到再生苗的基因组 DNA 中。

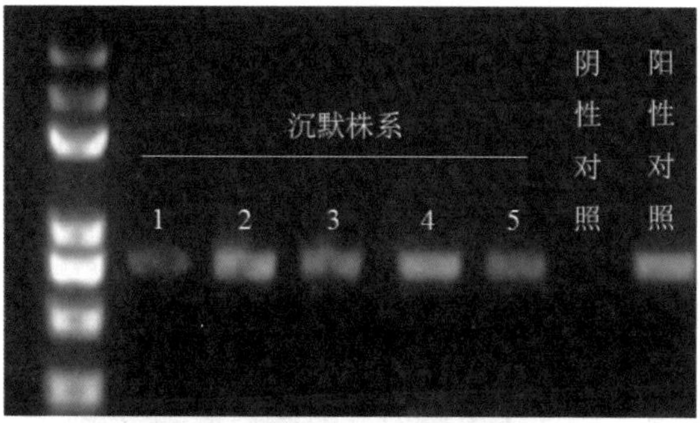

图3.5　*SlHDA1*-RNAi转基因番茄标记基因*NPT II*阳性鉴定

M：DL2000 plus marker；1~5：5个独立的pBIN19::*SlHDA1*转基因番茄株系。

不同的转基因株系中，T-DNA 插入的位点和拷贝数可能不同，因此 *SlHDA1* 基因在不同株系中的沉默效率也可能不同。为了获取沉默效率较高的转基因株系，我们利用定量 PCR 技术对这 5 个已经完成 *NPT II* 检测的阳性株系中 *SlHDA1* 基因的表达水平进行了检测。结果如图 3.6（a）所示，在幼叶中，5 个沉默转基因株系中 *SlHDA1* 基因的表达水平明显下调，沉默效果达到 70%~80%。其中 RNAi1、RNAi2、RNAi4 3 个株系沉默效率相对较高，因此选择这 3 个株系作为后期实验中的重点研究对象。由于 *SlHDA1* 基因在果实中表达水平相对较高，我们分别收集了野生型和转基因株系的 MG、B、B+4 和 B+7 时期的果实材料来进一步检测 *SlHDA1* 基因的沉默效率。结果如图 3.6（b）所示，*SlHDA1* 基因在转基因株系中的表达水平只有野生型中的 20%~30%。

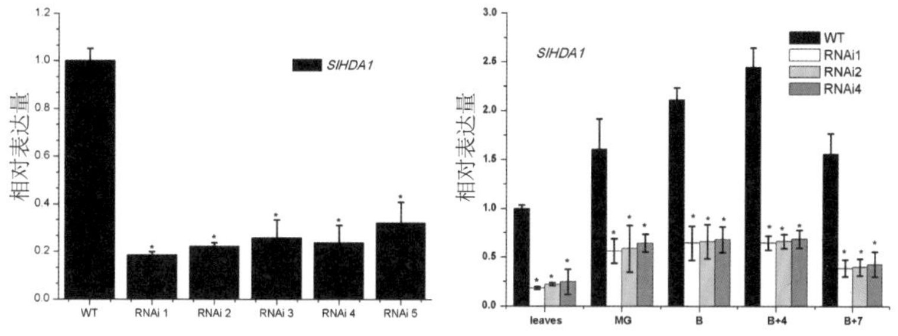

（a）　　　　　　　　（b）

图3.6　RNAi株系幼叶（a）及花和果实（b）中*SlHDA1*基因的表达水平检测

leaves，幼叶；MG，绿熟期；B，破色期；B+4，破色期后第4天；B+7，破色期后第7天

为了验证 *SlHDA1* 沉默片段的特异性，我们进一步检测了 *SlHDA1* 基因最同源的两个 *SlHDACs* 基因 *SlHDA2* 和 *SlHDA3* 基因在沉默转基因株系 RNAi1、RNAi2、RNAi4 中的表达水平。图

3.7 表明 *SlHDA2* 和 *SlHDA3* 基因在 *SlHDA1* 基因沉默株系中的表达并未受到影响。表明所选沉默片段为 *SlHDA1* 基因特异片段，番茄中其他 *SlHDACs* 基因的表达并未受到该基因沉默的影响。

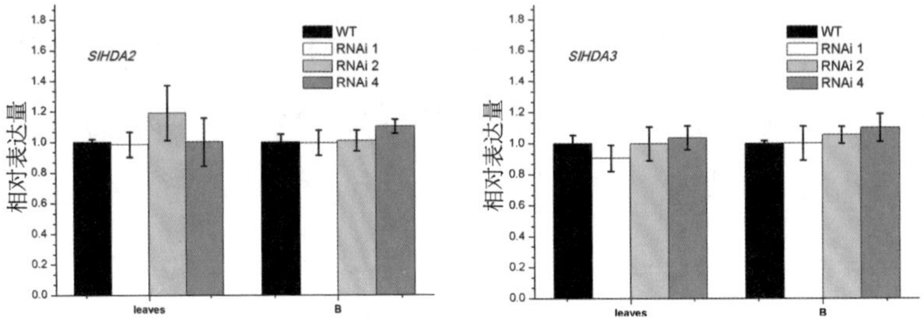

（a）　　　　　　　　　　（b）

图3.7　番茄中*SlHDA1*基因最同源基因在*SlHDA1*沉默转基因株系中的表达水平检测

leaves，幼叶；B，破色期。

3.4.2 *SlHDA1* 基因的沉默促进了番茄果实的正常成熟

在整个果实发育与成熟的过程中，我们观察到沉默 *SlHDA1* 基因并不影响番茄果实的大小，而果实的成熟时间提前了 3~6 d（表 3.6）。如图 3.8 所示，授粉后 32 d，转基因果实开始变黄，而野生型果实色泽几乎没有变化。授粉后 36 d，转基因果实表皮已经完全变红，而野生型果实才开始变黄。

表 3.6　从开花期到破色期的天数统计

番茄果实	天数
野生型	36.0 ± 0.50
RNAi 1	30.4 ± 0.43
RNAi 2	31.5 ± 0.47
RNAi 4	32.2 ± 0.42

图3.8　*SlHDA1*-RNAi沉默株系的表型

图分别为授粉 20、32、36、40、43 d的番茄果实。

3.4.3　*SlHDA1* 基因的沉默改变了果实色素含量及相关基因的表达

番茄果实成熟过程中，果实由绿到红的颜色转变主要是由于叶绿素的降解和类胡萝卜素的合成与积累所致，而成熟后果实呈现的色泽主要取决于番茄红素（红色）和 β－胡萝卜素（橙色）的相对含量比（Giovannoni 2001；Fraser et al., 1994）。*SlHDA1* 基因沉默后番茄果实类胡萝卜素积累明显早于野生型，而且成熟后的果实呈现深红色。为了确定这一表型是否与果实色素代谢有关，我们检测了果实成熟各时期果皮中总叶绿素和类胡萝卜素的含量。图 3.9（a）表明，*SlHDA1*–RNAi 株系 B 时期总叶绿素含量是野生型中的 80%~85%，而 B+4 和 B+7 时期果皮总叶绿素含量是野生型中的 50%~60%。与叶绿素含量差异相反，*SlHDA1*–RNAi 株系果皮中总类胡萝卜素的含量比野生型中高出 30% [图 3.9（b）]。

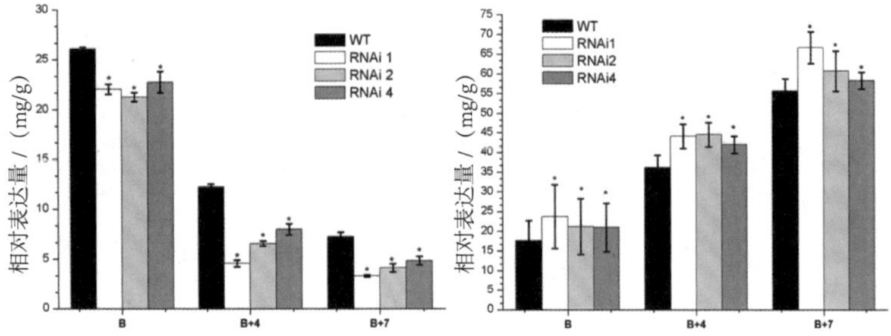

（a）　　　　（b）

图3.9　WT和*SlHDA1*转基因番茄果皮中的色素含量比较

（a）总叶绿素含量；（b）类胡萝卜素含量。B，破色期；B+4，破色期后第4天；B +7，破色期后第7天。

为了进一步验证果实颜色差异与类胡萝卜素含量差异相关，我们利用定量 RT–PCR 检测了从 MG 到 B+7 果实时期类胡萝卜素合成代谢相关基因的表达水平。如图 3.10 所示，*SlHDA1*–RNAi 株系中，*PSY1*（phytone synthease1）基因在四个时期的表达水平明显上调，而 *LCY-B*、*LCY-E* 和 *CYC-B* 的转录水平却明显地被下调。结果表明，沉默 *SlHDA1* 基因的表达诱导了类胡萝卜素合成关键酶基因 *PSY1* 的表达，从而增加了总类胡萝卜素的生物合成。而 *LCY-B*、*LCY-E* 和 *CYC-B* 的表达下调，导致了类胡萝卜素（橙色）的降解和番茄红素（红色）含量的提高，进而出现了 *SlHDA1*-RNAi 株系果实深红的表型。

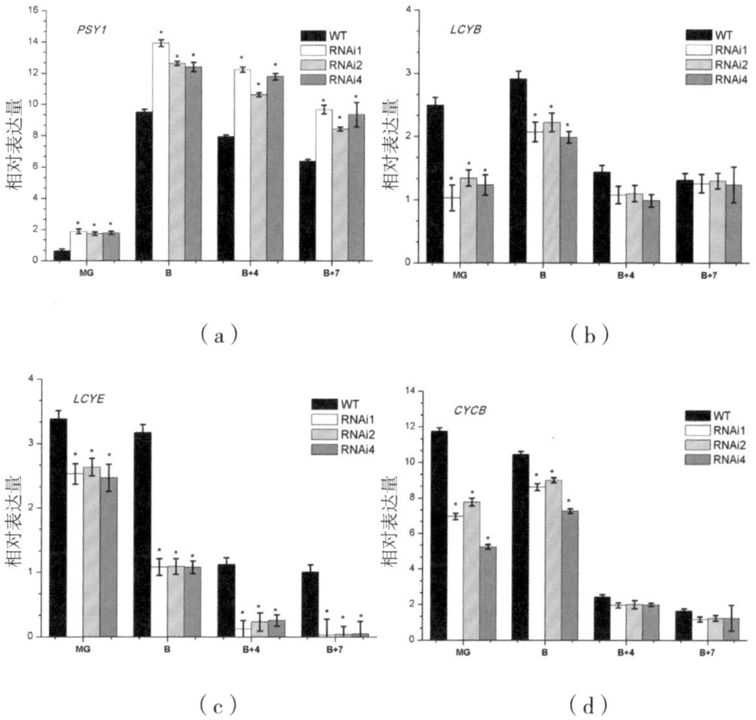

图3.10　*SlHDA1*-RNAi转基因和WT番茄果皮中类胡萝卜素合成相关基因的表达分析

MG，绿熟期；B，破色期；B+4，破色期后第4天；B+7，破色期后第7天。

3.4.4 *SlHDA1* 基因的沉默诱导乙烯的合成及乙烯相关基因的表达

乙烯的生物合成和感知能力是呼吸跃变型果实成熟过程起始时必须具备的，而乙烯的信号转导能力是果实成熟过程中乃至整个成熟过程的完成所必需的（Alexander and Grierson 2002）。此外，果实成熟过程中类胡萝卜素的生物合成也受乙烯的调控（Maunders et al., 1987）。

为了进一步确认 *SlHDA1* 基因沉默导致的果实成熟提前是否与乙烯的生物合成相关，我们对果实成熟过程中三个时期（B 到 B+7）的乙烯含量进行了测定。测定结果表明，*SlHDA1*-RNAi 转基因番茄 B、B+4 和 B+7 时期果实中乙烯含量显著高于野生型中果实乙烯含量［图 3.11（a）］。此外，与野生型番茄相比，*SlHDA1*-RNAi 果实中乙烯生物合成和信号转导相关基因的转录水平也有明显的上调［图 3.11（b）~（f）］。

为了检测 *SlHDA1*–RNAi 转基因株系中其他组织的乙烯敏感性，我们进行了乙烯三重反应实验。将野生型和 *SlHDA1*–RNAi 转基因株系（T2 代）的种子萌发后播在含不同浓度乙烯前体 ACC 的培养基上，7 d 后测量下胚轴和根的长度。结果表明，在未添加 ACC（0 μmol/L）的培养基上野生型和 *SlHDA1*–RNAi 转基因幼苗的根和下胚轴长度无明显差异。添加不同浓度的 ACC（5 μmol/L 和 10 μmol/L）后，*SlHDA1*–RNAi 转基因幼苗的下胚轴明显短于野生型；相反，在添加 ACC（10 μmol/L）后，*SlHDA1*–

RNAi 转基因幼苗的根明显长于野生型（图 3.12）。

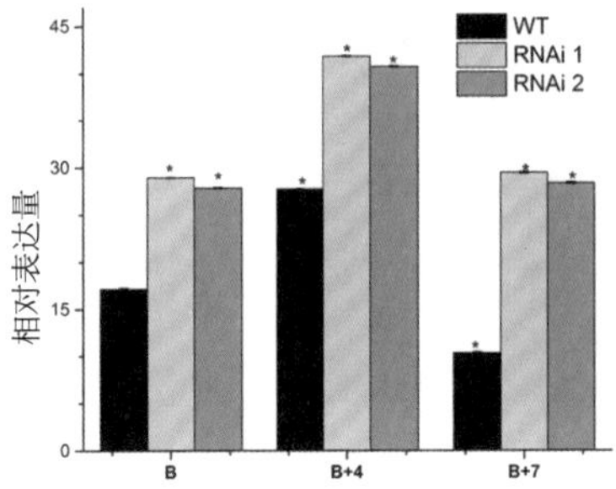

（a）

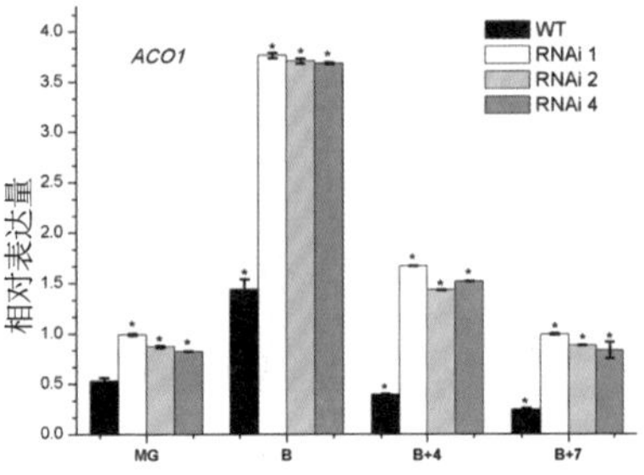

（b）

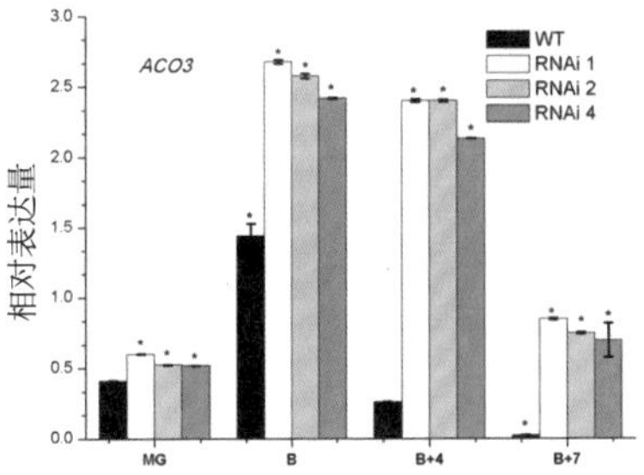

（c）

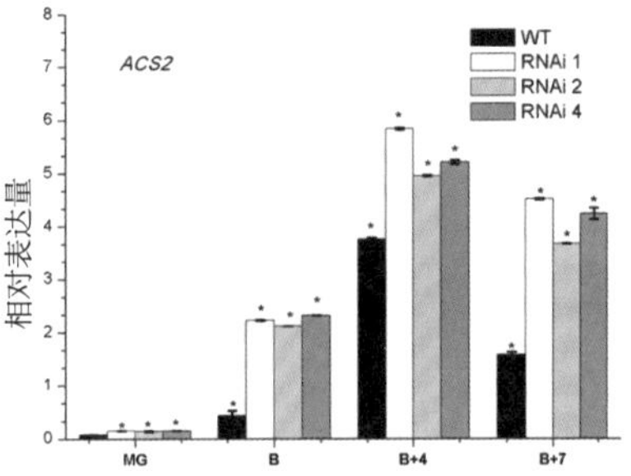

（d）

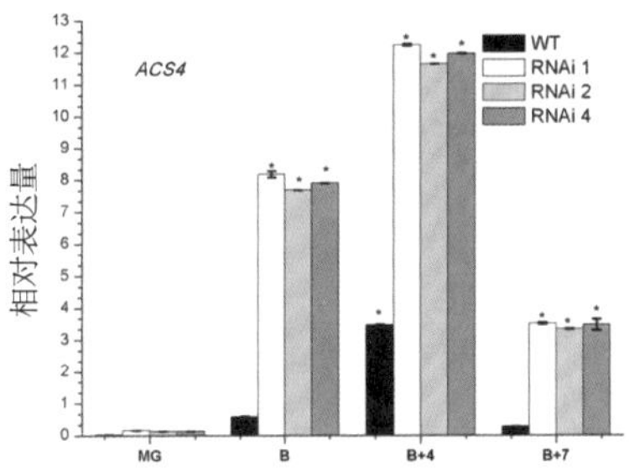

（e）

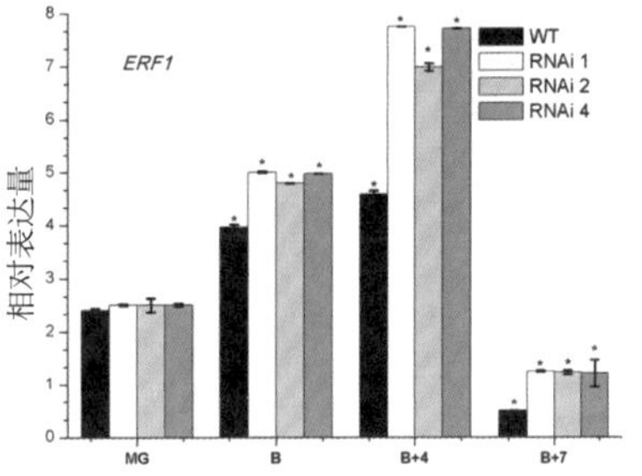

（f）

图3.11　*SlHDA1*-RNAi和WT番茄果实中乙烯含量和乙烯合成相关基因及信号转导相关基因的表达分析

MG，绿熟期；B，破色期；B+4，破色期后第4天；B+7，破色期后第7天。

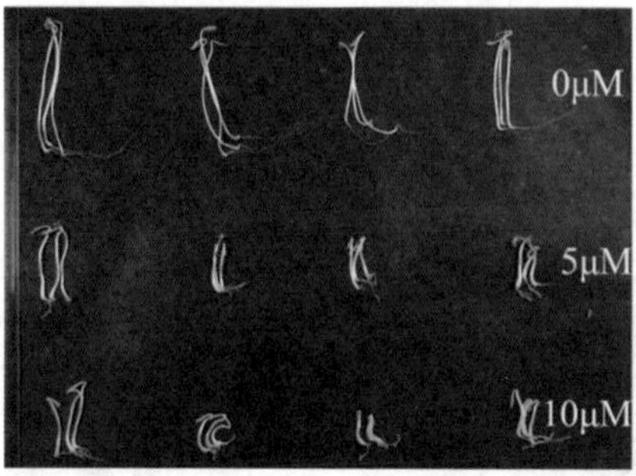

（a）

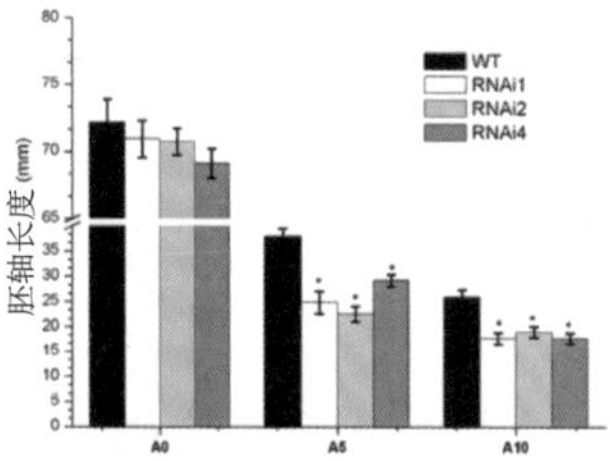

（b）

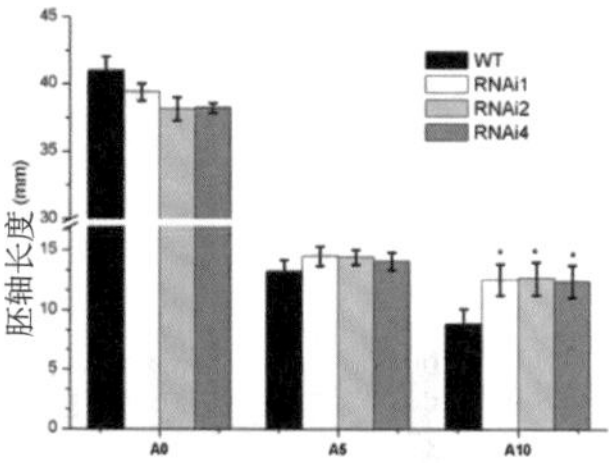

（c）

图3.12　*SlHDA1*-RNAi转基因植株的乙烯三重反应

（a）ACC处理*SlHDA1*-RNAi转基因植株的幼苗表型；（b）ACC 处理后的下胚轴长度；（c）ACC处理后根的长度。

同样，我们检测了乙烯生物合成相关基因 *ACO1*、*ACO3*、*ACS2* 和 *ACS4* 在含 5 μmol/L ACC 的 MS 培养基上生长的野生型和 *SlHDA1*–RNAi 转基因幼苗中的表达，结果表明这些基因在 *SlHDA1*–RNAi 转基因幼苗中的表达水平明显被上调（图 3.13）。

此外，将野生型番茄萌发的种子播于含不同浓度 ACC 的 MS 培养基上，*SlHDA1* 基因的表达水平也有明显的变化。随着 ACC 浓度的增加，*SlHDA1* 基因的表达明显被抑制（图 3.14）。

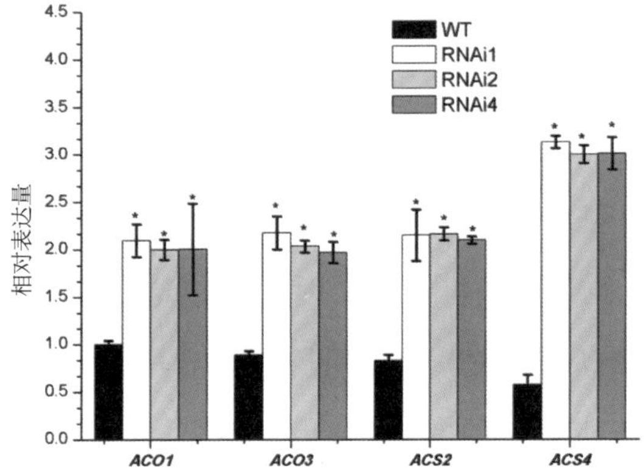

图3.13　ACC（5μmol/L）处理野生型和*SlHDA1*-RNAi转基因植株幼苗后乙烯合成相关基因*ACS2*、*ACS4*、*ACO1*和*ACO3*的表达

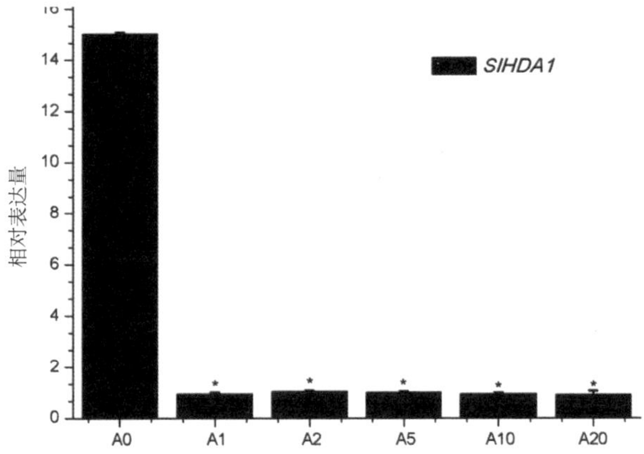

图3.14　*SlHDA1*基因在不同浓度ACC处理的野生型幼苗中的表达

A0:0 μmol/L ACC; A1：1 μmol/L ACC; A2:2 μmol/L ACC; A5:5 μmol/L ACC; A10:10 μmol/L ACC; A20:20 μmol/L ACC。

3.4.5 *SlHDA1* 基因的沉默影响了成熟相关基因的表达

SlHDA1 基因的沉默使果实成熟加快、总类胡萝卜素含量增多，同时果实成熟过程中乙烯的生物合成量也增加。为了更好地探究 *SlHDA1* 基因在果实成熟过程中的作用，我们又进一步检测了一些受乙烯调控的果实成熟相关基因的表达。如 *RIN*、*E4*、*E8*、*Cnr*、*TAGL1*、*LOXB*、*PG* 和 *Pti4*。如图 3.15 所示，与野生型番茄相比，这些基因在 *SlHDA1*-RNAi 果实中的表达水平显著上调。表明 *SlHDA1* 基因的沉默使得这些果实成熟相关基因的表达水平被不同程度地诱导，进而加快了果实的正常成熟。

3.4.6 *SlHDA1* 基因的沉默影响了番茄果实的贮藏

呼吸跃变型果实在成熟过程中有大量乙烯气体释放，在加快果实成熟的同时也影响果实的贮藏期。我们将野生型和 *SlHDA1*-RNAi 转基因番茄 B+7 时期的果实同时采摘并置于相同条件下贮藏。发现 B+12 天时，*SlHDA1*-RNAi 转基因番茄果实开始软化，而野生型番茄果实几乎没变化。B+19 天时，*SlHDA1*-RNAi 转基因番茄果实变软、脱水甚至发霉腐烂，而野生型番茄果实才开始变软。同时我们对果壁细胞代谢相关基因检测的结果表明，与野生型番茄相比，这些基因的表达水平在 *SlHDA1*-RNAi 转基因番茄中明显上调（图 3.16）。

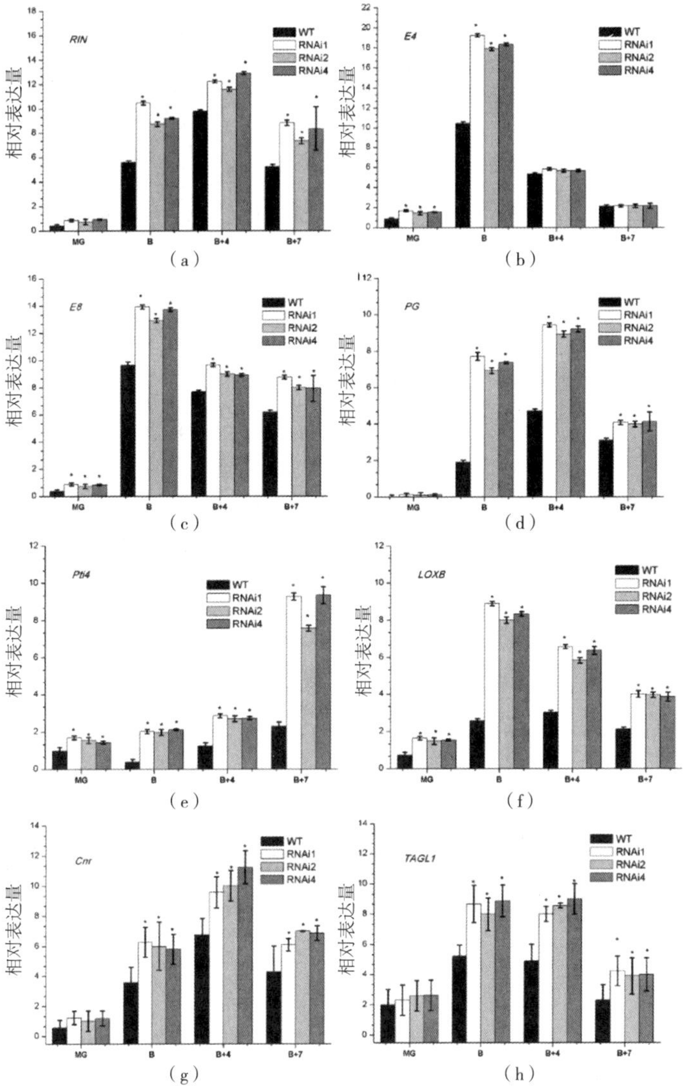

图3.15　*SlHDA1*-RNAi转基因和WT番茄果皮中果实成熟相关基因的表达分析

MG，绿熟期；B，破色期；B+4，破色期后第4天；B+7，破色期后第7天。

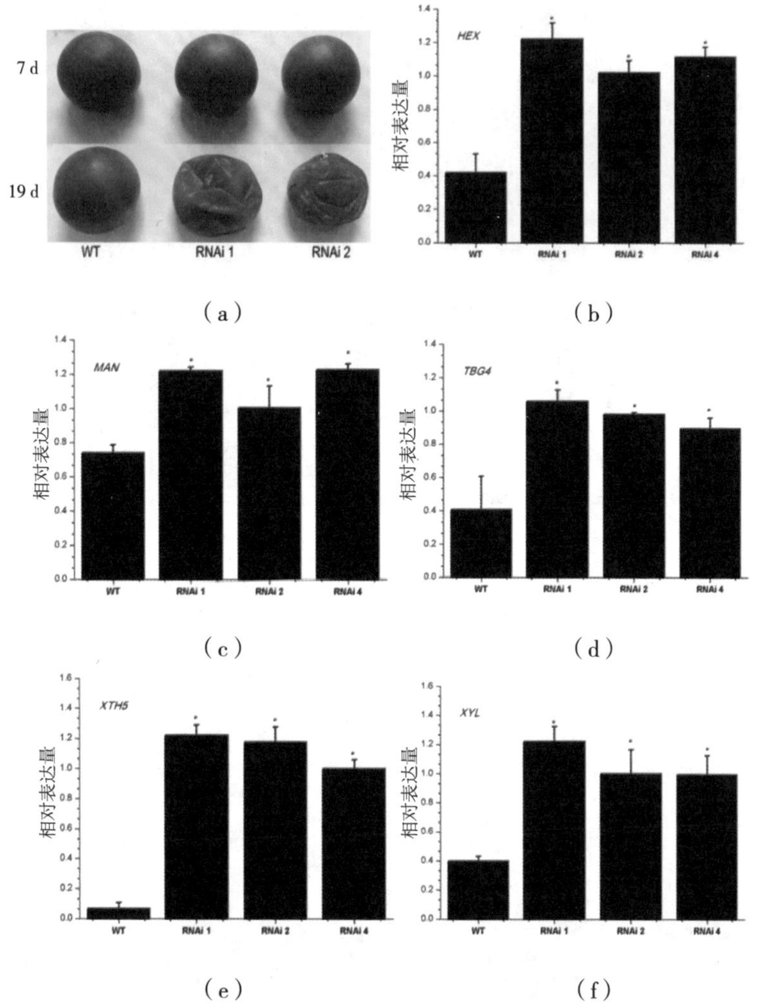

图3.16　WT和*SlHDA1*-RNAi转基因番茄果实贮藏表型及果壁细胞代谢相关基因的表达分析

（a）果实贮藏实验中野生型和*SlHDA1*-RNAi转基因番茄的表型；

（b）~（f）果壁代谢相关基因的表达水平。

3.4.7 *SlHDA1* 基因的沉默使得番茄对盐胁迫的抗性降低

上一节的多种非生物胁迫响应表达分析结果表明，*SlHDA1* 基因的表达受多种非生物胁迫的诱导，包括盐胁迫、高低温和脱水胁迫等，因此推测 *SlHDA1* 基因在番茄中可能参与植株对非生物胁迫的响应。本节我们将进一步探究干旱和盐胁迫处理对 *SlHDA1*–RNAi 转基因植株生长状况的影响。

番茄的盐胁迫响应在番茄种子萌发后生长阶段表现得最为明显。我们将萌发后发芽一致的 *SlHDA1*–RNAi 转基因番茄幼苗和野生型番茄幼苗播在含不同浓度 NaCl（0 mmol/L、100 mmol/L 和 150 mmol/L）的 MS 培养基上光照培养 7 d。结果如图 3.17 所示，在不含 NaCl 的 MS 培养基上生长的 *SlHDA1*–RNAi 转基因番茄幼苗和野生型番茄幼苗根和下胚轴长度差异不明显。而在含 100 mmol/L 和 150 mmol/L NaCl 的 MS 培养基上生长的 *SlHDA1*–RNAi 转基因番茄幼苗的根和下胚轴长度明显短于野生型番茄幼苗。说明 NaCl 对 *SlHDA1*–RNAi 转基因番茄幼苗的伤害大于野生型番茄幼苗，使得 *SlHDA1*–RNAi 转基因番茄幼苗的生长更为迟缓。

此外，我们对 *SlHDA1*–RNAi 转基因番茄幼苗和野生型番茄幼苗在高盐土壤中的生长状况进行了进一步的比较。将七周大小并且长势一致的 *SlHDA1*–RNAi 转基因番茄幼苗和野生型番茄幼苗每 48 h 进行 200 mL 的 400 mmol/L NaCl 水溶液浇灌，持续观

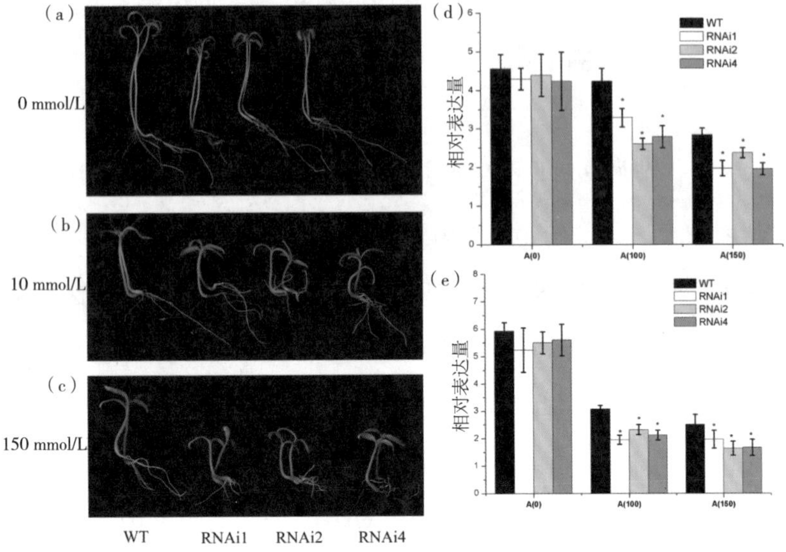

图3.17　WT和*SlHDA1*-RNAi转基因幼苗之间的盐敏感性比较

（a）、（b）和（c），在分别含0、100和150 mmol/L NaCl的MS培养基中培养7d后番茄幼苗生长表型；（d）和（e）：根和下胚轴长度。

察幼苗的生长状况并进行相关生理生化指标的检测。在整个实验期间，*SlHDA1*-RNAi 转基因番茄幼苗表现出受盐胁迫伤害更为严重的表型。在盐胁迫处理七天后，*SlHDA1*-RNAi 转基因番茄幼苗表现出明显的萎蔫现象，下部叶片开始变黄甚至轻微腐烂，上部叶片开始萎蔫，野生型番茄幼苗只有下部叶片表现出轻微的萎蔫。在盐胁迫处理 14 d 后，*SlHDA1*-RNAi 转基因番茄幼苗开始严重萎蔫、腐烂甚至有部分幼苗已经开始死亡，而野生型番茄幼苗只表现出轻度的叶片萎蔫和腐烂［图 3.18（a）］。为了进一步对高盐胁迫造成的伤害进行评估，我们进行了叶片相对含水量（relative water content，RWC）和叶绿素含量测定。结果如图 3.18（b）（c）所示，在未进行盐胁迫处理时，野生型和 *SlHDA1*-RNAi 转基因番茄幼苗的这两个生理指标参数并没有明显差异。在盐胁迫处理 7 d 后，转基因番茄幼苗的相对含水量相比初始值降低到 62%~67%，14 d 后降低到 50%~55%，而野生型中该参数分别下降到 78% 和 69% [图 3.18（b）]。叶绿素降解也表现出类似的变化趋势，在盐胁迫处理 7 d 和 14 d 后，转基因番茄幼苗叶片的叶绿素含量相比初始值分别降低了 29%~33% 和 46%~50%，而野生型中该参数分别降低了 22% 和 38 % [图 3.18（c）]。以上结果表明沉默 *SlHDA1* 基因降低了番茄植株的盐胁迫耐受力。

3.4.8 *SlHDA1* 基因的沉默抑制了胁迫相关基因的表达

为了揭示其潜在的分子机制，我们进一步对胁迫相关基因在野生型和 *SlHDA1*-RNAi 转基因番茄植株盐胁迫处理 0 h 以及处理后 12 h、24 h 和 48 h 根和叶片中的转录水平进行了检测，如图 3.19 所示。

基因表达水平检测结果表明，盐胁迫处理 0 h，这些胁迫相关基因在野生型和 *SlHDA1*-RNAi 转基因番茄植株根和叶片中的表达水平无明显差异。而在盐胁迫处理后的 12 h、24 h 和 48 h，

图3.18　*SlHDA1*-RNAi转基因和野生型番茄植株对盐胁迫耐受力的比较

（a）野生型和转基因番茄植株在盐胁迫7 d和14 d后的表型；（b）野生型和转基因番茄植株叶片的相对含水量（RWC）；（c）野生型和转基因番茄植株叶片的叶绿素含量。

这些胁迫相关基因在 *SlHDA1*-RNAi 转基因番茄植株根和叶中的表达水平明显低于野生型，表明 *SlHDA1* 基因参与了胁迫信号途径中相关基因的调控。*SlHDA1* 基因的沉默使番茄盐胁迫耐受能力下降，同时也表明该基因在番茄非生物胁迫响应过程中起正调控作用。

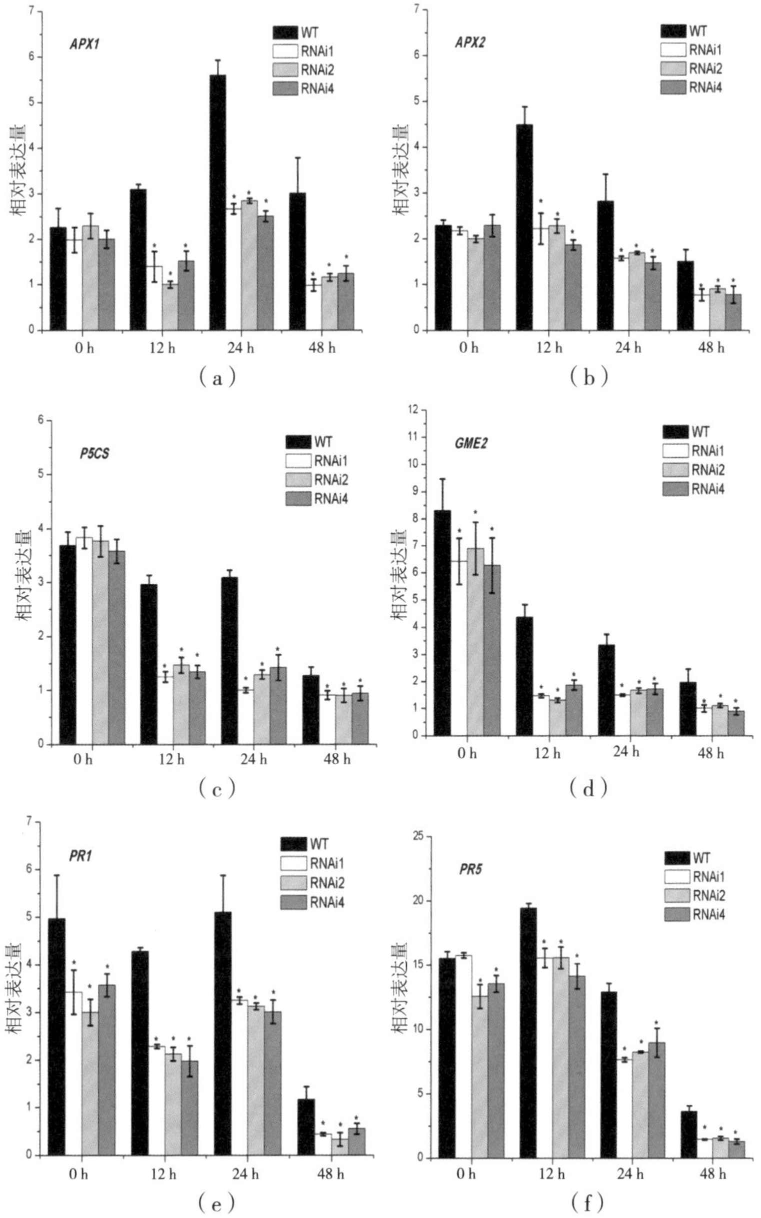

图3.19　*SlHDA1*-RNAi转基因和WT植株盐胁迫条件下胁迫相关基因表达水平的比较

3.4.9 *SlHDA1* 基因的沉默使番茄幼苗对 ABA 的敏感性增加

为了测试 *SlHDA1*-RNAi 转基因番茄幼苗对 ABA 的敏感程度，本研究进行了番茄幼苗 ABA 敏感性测试。我们将萌发后发芽一致的野生型番茄幼苗和 *SlHDA1*-RNAi 转基因番茄幼苗播在含不同浓度 ABA（0 μmol/L、4 μmol/L 和 8 μmol/L）的 MS 培养基上光照培养 7 d。结果如图 3.20 所示，在不含 ABA 的 MS 培养基上生长的 *SlHDA1*-RNAi 转基因番茄幼苗的根和下胚轴长度比野生型番茄幼苗略短，不形成明显差异。而在含 4 μmol/L 和 8 μmol/L ABA 的 MS 培养基上生长的 *SlHDA1*-RNAi 转基因番茄幼苗的根和下胚轴长度明显短于野生型番茄幼苗。说明 *SlHDA1*-RNAi 转基因番茄幼苗对 ABA 的响应比野生型番茄幼苗更敏感，使得 *SlHDA1*-RNAi 转基因番茄幼苗的生长更为迟缓。

3.4.10 *SlHDA1* 基因的沉默使番茄干旱胁迫耐受力降低

鉴于脱水胁迫表达分析中 *SlHDA1* 基因的表达被显著地诱导，我们对七周大小并且长势一致的 *SlHDA1*-RNAi 转基因番茄幼苗和野生型番茄幼苗进行了干旱处理。在干旱处理 14 d 后，*SlHDA1*-RNAi 转基因番茄幼苗表现出明显的脱水现象，下部叶片开始变黄，上部叶片开始卷曲，野生型番茄幼苗只有下部叶片

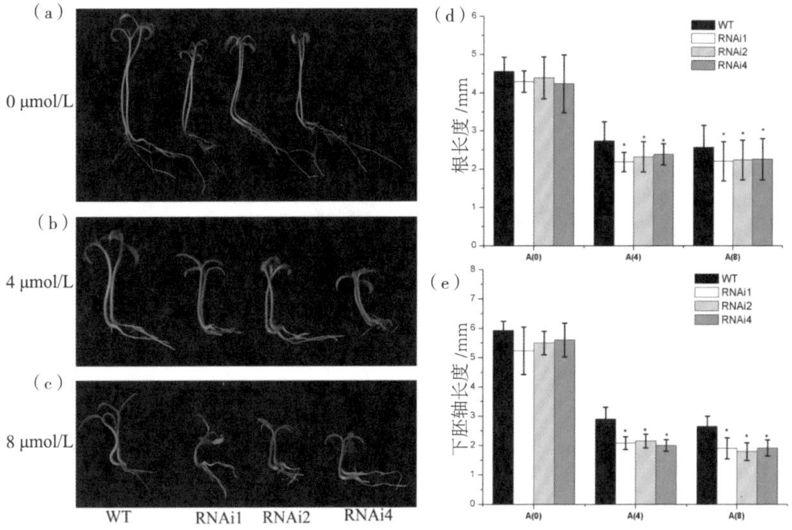

图3.20　WT和*SlHDA1*-RNAi转基因植株间的ABA敏感性比较

(a)、(b) 和 (c)，生长在含0、4和8 μmol/L NaCl的培养基中7 d后，WT和转基因幼苗生长表型；(d) 和 (e)：根和下胚轴长度。

表现出轻微的叶片变黄。在盐胁迫处理 21 d 后，*SlHDA1*–RNAi 转基因番茄幼苗开始严重萎蔫、脱水甚至已经开始枯死，而野生型番茄幼苗上部的叶片开始卷曲，并没有枯死现象［图 3.21（a）］。为了进一步评估干旱胁迫对植株造成的伤害，我们对野生型和 *SlHDA1*–RNAi 转基因番茄幼苗植株进行了叶片相对含水量和叶绿素含量测定。结果如图 3.21（b）（c）所示，在干旱处理 14 d 后，野生型番茄植株中的相对水含量相比初始值降低到 85%，21 d 后降低到 70%，而转基因番茄幼苗中该参数分别下降到

图3.21 *SlHDA1*-RNAi转基因和WT番茄植株对干旱胁迫耐受力的比较

（a）WT和*SlHDA1*-RNAi转基因番茄植株在盐胁迫14 d和21 d后的表型；

（b）WT和*SlHDA1*-RNAi转基因番茄植株叶片的相对含水量（RWC）；

（c）WT和*SlHDA1*-RNAi转基因番茄植株叶片的叶绿素含量；

（d）WT和*SlHDA1*-RNAi转基因株系水分损失速率。

70%~75% 和 50%~60%［图 3.21（b）］。在干旱胁迫处理 14 d 和 21 d 后，转基因番茄幼苗叶片的叶绿素含量也明显低于野生型［图 3.21（c）］。

叶片的保水能力在一定程度上会影响植株的干旱耐受力。因此，我们进行了离体叶片失水速率测定。结果表明，每一个测

试时间点 *SlHDA1*-RNAi 转基因番茄叶片的失水率都高于野生型［图 3.21（d）］，因此我们推测 *SlHDA1*-RNAi 转基因番茄植株的干旱耐受力降低一部分原因可能是蒸腾速率增高使得叶片保水能力降低。

3.5　讨论

3.5.1　*SlHDA1* 基因在番茄果实成熟中的功能

在上一节表达模式及其生物信息分析结果的基础上，我们筛选出最有可能参与番茄果实成熟调控的组蛋白去乙酰化酶基因 *SlHDA1*。本节的研究中，我们结合表型观察、生理生化指标测试及其相关基因表达分析证实了该基因通过影响番茄果实成熟过程中类胡萝卜素的积累和乙烯的生物合成来调控番茄的果实成熟，在整个果实成熟过程中起负调控作用。

3.5.1.1　*SlHDA1* 基因影响果实成熟过程中类胡萝卜素的积累

番茄果实成熟过程中的颜色转变主要是由于在果实成熟过程

中有大量的类胡萝卜素积累，包括 β－胡萝卜素（橙色）和番茄红素（红色）（Fraser et al., 1994）。在类胡萝卜素生物合成代谢途径中，番茄红素和 β－胡萝卜素的相对比例受关键调控因子 *PSY1* 的调控（Bramley 2002）。番茄红素的环化作用是类胡萝卜素代谢途径中的一个重要分支点，即由 LCY–B 和 CYC–B 催化的 β－胡萝卜素及其衍生物叶黄素，由 LCY–B 和 LCY–E 催化的 α－胡萝卜素和叶黄素（Hirschberg 2001）。因此，番茄红素和 β－胡萝卜素的相对比例也受 *CYC-B*、*LCY-B* 和 *LCY-E* 的调控。*PSY1* 基因的上调和 *LCY-E* 基因的下调都可以使番茄红素（红色）和 β－胡萝卜素（橙色）相对含量比增加。我们的研究表明，*SlHDA1*–RNAi 转基因果实中类胡萝卜素的含量明显增加（图 3.9），这在生化水平上解释了 *SlHDA1*–RNAi 转基因果实呈现深红色（图 3.8）。我们对类胡萝卜素合成代谢相关基因的表达水平检测中发现 *PSY1* 基因的表达水平被明显上调，而 *LCY-E* 基因的转录水平被明显下调（图 3.10），这也在分子水平上解释了 *SlHDA1*–RNAi 转基因果实呈现深红色。*SlHDA1* 基因的沉默使得类胡萝卜素积累量增加，表明该基因在类胡萝卜生物合成及其积累过程中起负调控作用。

3.5.1.2 *SlHDA1* 基因影响乙烯的生物合成和果实的成熟

作为呼吸跃变型果实中的一类，番茄在果实成熟过程中细胞自主呼吸增强、乙烯大量合成。目前，在高等植物体有两套乙烯生物合成系统，其中系统 II 主要负责果实成熟时乙烯自主合成的催化过程。在系统 II 中，ACS 是一类主要催化乙烯生物合成途径中限速步骤的限速酶，而 ACO 主要催化乙烯的最终合成（Barry et al., 2000）。在已报道的乙烯合成相关基因中，*ACS2*、*ACS4* 和 *ACO1* 主要在系统 II 催化乙烯的生物合成，而 *ACO3* 在系统 I 和系统 II 中起过渡作用（Barry and Giovannoni 2007）。我们的研究结果表明，*SlHDA1* 基因沉默后乙烯的生物合成量增加，乙烯生物合成相关基因 *ACS2*、*ACS4*、*ACO1* 和 *ACO3* 以及乙烯信号转导基因 *ERF1* 的表达上调（图 3.11），表明该基因可能通过调控乙烯的生物合成来调控番茄果实的成熟，在乙烯生物合成过程中起抑制作用。

此外，乙烯三重实验中，*SlHDA1*-RNAi 转基因番茄幼苗对乙烯比野生型番茄幼苗更敏感（图 3.12），表明 *SlHDA1* 基因不仅影响果实中乙烯的生物合成，也影响其他组织中乙烯的生物合成。野生型番茄幼苗和 *SlHDA1*-RNAi 转基因番茄幼苗中乙烯生物合成相关基因 *ACS2*、*ACS4*、*ACO1* 和 *ACO3* 表达上调也进一步证实了这一结论（图 3.13）。

E4 和 *E8* 是两个果实特异性表达基因，受乙烯调控，在果实成熟过程中发挥重要作用（Xu et al., 1996；Lincoln and Fischer 1988；Deikman and Fischer 1988）。*MADS-RIN* 和 *TAGL1* 是调控果实成熟的两个重要的 MADS-box 基因，*rin* 突变体抑制果实成熟和萼片膨大（Vrebalov et al., 2002），*TAGL1* 影响果实膨大和成熟（Vrebalov et al., 2009）。*Cnr* 是 SBP-box 转录因子家族的一个抑制果实成熟的天然突变体（Manning et al., 2006）。*LOXB*

是一个果实特异的脂肪氧合酶基因，它的表达受乙烯的诱导（Griffiths et al., 1999）。PG 是果实成熟特异酶合成基因，它的表达活性随着果实的成熟而增加，主要调控果实成熟过程中细胞壁的代谢（Giovannoni et al., 1989；Griffiths et al., 1999）。这些基因在果实成熟过程中影响着类胡萝卜素的积累、乙烯的生物合成以及果壁细胞的结构变化等。在本研究中我们发现，这些基因在 *SlHDA1*-RNAi 转基因番茄果实中的表达都有明显的上调，进一步说明沉默 *SlHDA1* 基因有利于促进番茄果实的成熟，*SlHDA1* 基因在果实成熟过程中起负调控作用。

果实成熟过程中的软化主要是由于果实细胞壁的降解导致，而果壁细胞代谢是多种酶共同作用的结果。如 *TBG4* 主要调控果实成熟早期半乳糖苷酶活性，使该基因表达后果实中半乳糖苷酶的活性严重降低，导致果实的软化受阻（Brummell and Harpster 2001）。调控 *XTH5* 基因表达可以在不改变细胞壁的机械特性的基础上使细胞壁变软（Itai et al., 2003；Sun et al., 2012；Miedes and Lorences 2009；Meli et al., 2010）。在果实贮藏中，果皮的硬度、色泽以及厚度往往被当作衡量指标。我们的研究结果表明，*SlHDA1*-RNAi 转基因番茄果实硬度明显降低，而果壁细胞代谢相关基因 *HEX*、*MAN*、*TBG4*、*XTH5* 和 *XYL* 的转录水平也明显上调，这些结果表明 *SlHDA1* 基因的沉默降低了果实的贮藏性，*MAN*、*TBG4*、*XTH5* 和 *XYL* 的上调可能是果实细胞壁软化加快的原因，而 *PG* 和 *HEX* 的上调使得番茄果实在贮藏过程中更容易遭病原菌侵染，发生霉变。

综上所述，*SlHDA1* 基因在果实成熟过程中起负调控作用，通过影响果实成熟过程中类胡萝卜素的积累和乙烯的生物合成来影响果实的成熟。该基因如何通过组蛋白去乙酰化调控机制来影响果实成熟过程中的物质代谢和基因表达仍需要做进一步研究。但作为一个负调控因子，*SlHDA1* 基因在果实成熟调控网络中平衡正调控因子功能方面具有重要作用，同时该基因的功能分析也为组蛋白去乙酰化酶基因在果实成熟过程中扮演的角色做了一个初步的预测。

3.5.2　*SlHDA1* 基因在非生物胁迫响应中的功能

3.5.2.1　*SlHDA1* 基因的沉默降低了番茄对盐的胁迫耐受力

高盐和干旱通常是导致作物减产的主要原因，因此提高植株的胁迫耐受力在农业中就显得尤为重要。目前为止，许多物种中 *HDACs* 基因都参与了植物的非生物胁迫响应，沉默或超表达 *HDACs* 基因都能影响植株的胁迫耐受力。如沉默拟南芥 *AtHDA6*, *AtHDA19* 和 *AtHDT3*（Luo et al., 2012b; To et al., 2011a; Long et al., 2006；Buszewicz et al., 2016）基因后，植株的盐胁迫耐受力降低。水稻中 *OsHDT701* 和 *OsHDT702* 基因的表达水平发生变化植株的胁迫耐受力也发生改变（Zhao et al., 2015；Hu et al., 2009）。在本研究中，*SlHDA1*–RNAi 转基因番茄幼苗和野生型番茄幼苗在含不同浓度 NaCl 的 MS 培养基上的生长状况表

明 *SlHDA1* 基因的沉默使番茄幼苗对高盐更敏感（图 3.17）。而 *SlHDA1*–RNAi 转基因番茄植株和野生型番茄植株用 NaCl 水溶液灌溉后的植株形态差异进一步说明沉默 *SlHDA1* 基因，番茄植株的盐胁迫耐受力降低（图 3.18）。

植物体受到环境胁迫时，植株的生理、生化以及分子水平发生改变。科研中往往用叶绿素含量、相对含水量及其相对失水速率等生理参数来评估植物胁迫耐受力（Orellana et al., 2010；Zhao et al., 2014b）。在本研究中，我们发现用 NaCl 水溶液灌溉后，*SlHDA1*–RNAi 转基因植株中叶片叶绿素降解更快，相对含水量更低（图 3.18）。这也从生理生化水平上解释了 *SlHDA1*–RNAi 转基因番茄植株的盐胁迫耐受力的降低。

研究表明，植物体的胁迫耐受力与胁迫响应相关基因的表达是密不可分的，胁迫响应相关基因的表达水平与植物的胁迫耐受力呈正相关（Ma et al., 2013；Nakashima et al., 2007；Takasaki et al., 2010）。植物体内的活性氧主要包括超氧阴离子自由基、羟基自由基、过氧化氢、脂质过氧化物等。正常情况下，细胞内自由基的产生和清除处于动态平衡状态，活性氧水平很低，不会伤害细胞。当植物受到逆境胁迫时，平衡被打破，活性氧积累过多，则会伤害植物细胞。这些活性氧会氧化破坏生物大分子物质，对植物体造成不可逆的伤害。植物体在抵御外界伤害的过程中，会产生抗氧化物质，即活性氧清除剂，主要包括超氧化物歧化酶（SOD）、过氧化氢酶（CAT）以及过氧化物酶（POD），此外还有一些其他物质，如抗坏血酸（AsA）、脯氨酸等。抗坏血酸过氧化物酶可以将叶绿体中的 H_2O_2 转变为 H_2O 来保护细胞不受活性氧的侵害。脯氨酸主要在细胞质中积累，在胁迫响应过程中是一种渗透调节物质，可以降低细胞渗透势，防止细胞过度失水。此外，植物体在抵御外界伤害的过程中还会产生胁迫蛋白，如病理相关蛋白（PR），是一种在植物受病原菌侵染后产生的蛋白，具有分解病菌毒素、抑制病菌生长等作用，能提高植物抗病力。为了进一步从分子水平确认 *SlHDA1* 基因盐胁迫应答过程中可能调控胁迫响应基因，我们检测了 *PR1*、*PR5*、*APX1*、*APX2*、*GME2* 以及 *P5CS* 的表达水平。其中，*APX1* 和 *APX2* 是两个抗坏血酸过氧化物酶基因（Najami et al., 2008），*P5CS* 是脯氨酸（Pro）代谢合成的关键基因（Kishor et al., 1995），*GME2* 是抗坏血酸生物合成的关键基因（Zhang et al., 2011），*PR1* 和 *PR5* 是两个病理相关基因（Lim et al., 2010）。结果表明，这些胁迫相关基因在 *SlHDA1*-RNAi 转基因番茄植株中的表达水平明显下调（图 3.19），这也从分子水平上进一步证实 *SlHDA1* 基因的沉默降低了番茄植株的盐胁迫耐受力。综上所述，我们推测 *SlHDA1* 基因在盐胁迫响应中起正调控作用。

3.5.2.2　*SlHDA1* 基因的沉默降低了番茄对干旱的胁迫耐受力

植物对干旱胁迫的响应可以通过 AREBs 依赖 ABA 信号途径的方式或通过 DREBs 不依赖 ABA 信号途径的方式来进行调控（Fujita et al., 2004；Tran et al., 2004；Kazan 2015）。在胁迫响应过程中，ABA 可以通过调控气孔关闭并激活胁迫响应相关基因来提高植株的胁迫耐受力（Nakashima et al., 2012）。我们将 *SlHDA1*–RNAi 转基因番茄幼苗和野生型番茄幼苗播在含不同浓度 ABA 的 MS 培养基上培养，根和下胚轴的伸长状况表明 *SlHDA1* 基因的沉默使番茄幼苗对 ABA 更敏感（图 3.20）。对 *SlHDA1*–RNAi 转基因番茄幼苗和野生型番茄幼苗进行干旱处理后对比植株的生长形态发现，*SlHDA1* 基因沉默后番茄植株的干旱胁迫耐受力降低（图 3.21）。此外，在干旱条件下，与野生型相比，*SlHDA1*–RNAi 转基因番茄幼苗的相对含水量与叶片叶绿素含量明显降低，而相对失水速率明显升高。以上生理指标参数也进一步说明 *SlHDA1*–RNAi 转基因番茄幼苗的干旱胁迫耐受力降低。结合 ABA 敏感性响应分析与干旱胁迫的响应，我们初步推测，*SlHDA1* 基因在干旱胁迫响应中起正调控作用，并依赖于 ABA 信号途径。

总之，本研究对干旱和盐胁迫条件下生长的野生型和 *SlHDA1*–RNAi 转基因番茄幼苗进行了形态特征比较，生理生化指标分析以及胁迫相关基因检测以进一步探究 *SlHDA1* 基因在番茄胁迫响应中的功能。结果表明，*SlHDA1* 基因可能通过 ABA 信号途径参与了番茄的非生物胁迫响应调控，并且在胁迫响应中起正调控作用。*SlHDA1* 基因在果实成熟过程中的负调控作用与胁迫响应中的正调控作用机制尚不清楚，有待于我们进一步研究。与此类似，在番茄中超表达 *SlNAC1* 基因后果实中的类胡萝卜素含量以及乙烯的生物合成量减少，说明 *SlNAC1* 基因在果实成熟过程中起负调控作用（Ma et al., 2014），同时，*SlNAC1* 基因超表达后植株也能通过维持最大光化学效率和放氧活性来提高耐冷性，说明 *SlNAC1* 基因在冷胁迫响应中起正调控作用（Ma et al., 2013）。尽管 *SlHDA1* 基因的调控机制尚不清楚，但为分子育种过程中番茄植株抗逆新品种的培育提供了一个新的候选基因。此外，该基因的超表达载体以及该基因所在亚家族其他基因的超表达载体与沉默载体也在构建中，以期进一步具体深入地研究该亚家族基因的功能及其在表观调控中的作用。

3.6　本章小结

（1）*SlHDA1* 基因的沉默促进了番茄果实成熟，果实色泽呈现深红，果实成熟时间提前，番茄果皮中叶绿素降解加快，类胡萝卜素积累量增加以及乙烯生物合成量增加。

（2）*SlHDA1* 基因的沉默影响了番茄果实的硬度、番茄果实的耐贮藏性能。

（3）*SlHDA1* 基因的沉默影响了类胡萝卜素合成代谢相关基因、果实成熟相关基因、乙烯生物合成与信号转导相关基因、果壁细胞代谢相关基因在番茄果实成熟过程中的表达。

（4）*SlHDA1* 基因的沉默增加了番茄幼苗的盐敏感性，降低了番茄盐胁迫耐受力，盐胁迫处理后，*SlHDA1*-RNAi 转基因番茄植株中相对含水量和叶绿素含量明显低于野生型。

（5）*SlHDA1*-RNAi 转基因番茄植株中胁迫相关基因 *PR1*、*PR5*、*APX1*、*APX2*、*P5CS* 和 *GME2* 的表达下调，说明 *SlHDA1* 基因可能参与了这些胁迫相关基因的表达调控。

（6）*SlHDA1* 基因的沉默增加了番茄幼苗的 ABA 敏感性，降低了番茄干旱胁迫耐受力，干旱胁迫处理后，*SlHDA1*-RNAi 转基因番茄植株中相对含水量以及叶绿素含量明显低于野生型，与此相反，相对失水速率明显高于野生型。

第 4 章

SlHDT3 基因的功能研究

4.1 引言

HD2 亚家族是植物特异的 HDACs，与 RPD3/HDA1 亚家族和 SIR2 亚家族亲缘关系疏远（Sridha and Wu 2006；Grandperret et al., 2014；Zhao et al., 2014a）。生物信息分析结果表明，该亚家族成员高度保守，在双子叶植物及单子叶植物中起重要作用（Pandey et al., 2002）。目前已有该亚家族成员参与植物生长调控及非生物胁迫响应的相关报道。在拟南芥中，抑制 *AtHD2A* 的表达导致拟南芥角果变短、种子正常发育受阻、叶片变窄并呈现卷曲状、开花时间延迟（Lagace et al., 2003）；抑制 *AtHD2C* 的表达可以增加植株对 ABA 和 NaCl 的敏感性，降低盐胁迫耐受力（Luo et al., 2012b），相反超表达 *AtHD2C* 后植株对 ABA 敏感性降低，对干旱和盐胁迫的耐受力增强（Sridha and Wu 2006）。此外，在花芽龙眼中，*DlHD2* 基因通过调控乙烯响应基因的表达来调控果实的成熟和衰老（Kuang et al., 2012）。

目前，HD2 亚家族成员的功能研究在其他物种中已有报道，但是相关基因详尽的功能分析报道在番茄中还未发现。本研究中，我们根据已知的拟南芥 HD2s 成员序列与前人报道的番茄中 HD2 亚家族成员的序列信息，通过同源比对与信息学分析，选定 *SlHDT3* 基因进行沉默载体构建，以初步探索 HD2 亚家族成员在番茄生长发育中的功能。

4.2　材料、设备与试剂

4.2.1　材料

见 3.2.1。

4.2.2　仪器与设备

见 2.2.3 和 3.2.2。

4.2.3　试剂与培养基

见 3.2.3。

4.3 实验方法

4.3.1 番茄材料的收集

同 3.3.1。

4.3.2 基因组 DNA 的提取

参考 3.3.2。

4.3.3 总 RNA 的提取及 cDNA 的合成

具体方法与步骤参考 2.3.3 和 2.3.4。

4.3.4 *SlHD2s* 亚家族基因的生物信息学分析

4.3.4.1 SlHD2s 亚家族基因的筛选

通过番茄中已报道的 SlHDACs 序列号（Zhao et al., 2014a; Cigliano et al., 2013b）在茄科基因组数据库 Sol Genomics Network（SGN，表 2.3）中搜索，然后将获得的可能的 SlHDACs 序列进

一步通过 SMART 和 NCBI 在线软件进行蛋白结构域分析，筛选出 3 个 SlHD2s 亚家族成员基因，*SlHDT1*（Solyc09g009030）、*SlHDT2*（Solyc10g085560）和 *SlHDT3*（Solyc11g066840）。将筛选出的 SlHD2s 亚家族成员与拟南芥中的 AtHD2s 亚家族成员进行氨基酸序列多重比对和进化树分析，最终筛选 *SlHDT1* 和 *SlHDT3* 基因进行进一步的功能分析。

4.3.4.2　SlHD2 亚家族基因的核苷酸及蛋白序列信息学分析

番茄 SlHD2 基因核苷酸序列翻译，ORF（开放阅读框）查找，蛋白质理化信息分析等主要的分子特征分析均通过在线数据库进行（各自的网址见表 2.3）。利用 DNAMAN 软件对 SlHDT1~SlHDT3 蛋白的氨基酸序列进行多重序列比对，对其结构保守性进行分析；并利用 MEGA7.0 软件构建系统进化树，以进一步分析它们与拟南芥组 AtHD2s 的进化关系。

4.3.5　*SlHDT1* 和 *SlHDT3* 基因的引物设计及评估

根据 4.3.4 中的登录号，应用引物设计软件 Primer Premier 5 分别设计克隆 *SlHDT1* 和 *SlHDT3* 基因的定量引物，见表 4.1。

表 4.1　*SlHDT1* 和 *SlHDT3* 基因 RT-PCR 分析的特异性引物

引物名称	引物序列（5’→3’）	用途
SlHDT1-Q-F	AGAGGCTGGGAAGTCTAACGC	*SlHDT1* 基因定量 RT-PCR 分析
SlHDT1-Q-R	GCTGAATCTGCCTTCCTCTTTT	
SlHDT3-Q-F	GAAAGCAGGACAAACACTAAAGG	*SlHDT3* 基因定量 RT-PCR 分析
SlHDT3-Q-R	CCTCAGCAGATAGAGTTCCAATG	

番茄各个组织的混合 cDNA 用来评估 *SlHDT1* 和 *SlHDT3* 基因定量引物的质量，引物的最适退火温度的检测方法、扩增效率及其检测体系与设定程序详见 2.3.5。

4.3.6　*SlHDT1* 和 *SlHDT3* 基因的表达模式分析

根据 2.3.3 总 RNA 的提取及 2.3.4 中反转录的方法将野生型和突变体中收集到的番茄生物材料合成 cDNA。利用定量 PCR 技术分别在引物最适退火温度下对 *SlHDT1* 和 *SlHDT3* 基因在番茄各组织中的特异性表达进行分析。具体步骤、体系以及程序见 2.3.5。

4.3.7　*SlHDT1* 和 *SlHDT3* 基因响应非生物胁迫的表达模式分析

具体非生物胁迫处理方法及表达模式分析见 2.3.7。

4.3.8 *SlHDT3* 基因的克隆

4.3.8.1 *SlHDT3* 基因的 PCR 扩增

根据 SGN 中提供的核酸序列信息，我们设计出 *SlHDT3* 基因的特异性引物来进一步确认该核酸序列的准确性，克隆 *SlHDT3* 基因全长的引物见表 4.2。

表 4.2　用于番茄 *SlHDT3* 基因克隆的引物信息

引物名称	引物序列（5’ →3’ ）	用途
FHDT3-F	AACCCTAGTTAAGCGGCAAT	*SlHDT3* 基因编码区克隆
FHDT3-R	AGGGGCAAAACTTTCTGGTA	

PCR 扩增利用高保真酶 PrimeSTAR® 进行，反应体系如下：

试剂	用量
5 × PrimeSTAR Buffer	5 μL
dNTPs（2.5 mmol/L）	2 μL
FHDT3-F（10 μmol/L）	1 μL
FHDT3-R（10 μmol/L）	1 μL
番茄各组织 cDNA	1 μL
PrimeSTAR 酶	0.25 μL
加 ddH_2O 至	25 μL

PCR 程序：

（1）94℃预变性 5 min。

（2）94℃变性 30 s，58℃退火 30 s，72℃延伸 2 min，35 个循环。

（3）72℃ 10 min，4℃ 保存。

（4）取 4 μL PCR 扩增产物进行琼脂糖凝胶电泳检测（电压为 6 V/cm，琼脂糖凝胶浓度 1.5%，电泳时间为 15~20 min）。验证无误后，剩余 PCR 产物纯化并于 -20℃冰箱储存备用。

4.3.8.2　PCR 扩增产物与测序载体的连接

（1）PCR 扩增产物加尾。

具体加尾方法与步骤参考 3.3.4.2。

（2）加尾产物与测序载体 pMD19-T 的连接。

将（1）中获得的加 A 尾并进行纯化后的产物与 pMD19-T 载体使用 DNA Ligation Kit Ver. 2.0 试剂盒（TaKaRa 公司）进行连接。具体如下：*SlHDT3* 基因 PCR 加尾后的纯化产物 4.5 μL，pMD19-T 0.5 μL，Solution I 5 μL 加入 PCR 管中，充分混匀后于 16℃条件下过夜连接。

4.3.8.3　大肠杆菌 DH5α 转化实验

具体转化方法参考 3.3.4.3。

4.3.8.4　菌落 PCR 验证

具体验证方法参考 3.3.4.4。

4.3.8.5　pMD19-T::*SlHDT3* 质粒的提取

具体提取方法参考 3.3.4.5。

4.3.9　*SlHDT3* 基因沉默载体的构建

SlHDT3 基因沉默载体的构建是以 pHANNIBAL 为中间载体，pBIN19 为终载体进行的。将沉默目的片段进行普通 PCR 扩增及酶切重组，使得正反向片段先后连入 pHANNIBAL 中间载体形成发卡结构，再将包含有启动子和终止子的发卡结构酶切并连接进 pBIN19 终载体。构建流程见图 4.1。具体步骤如下：

4.3.9.1　沉默目的片段克隆

以 4.3.8 获得的 pMD19-T::*SlHDT3* 质粒为模板，利用引物 SlHDT3-RNAi-F 和 SlHDT3-RNAi-R 进行沉默片段扩增。其中 SlHDT3-RNAi-F 和 SlHDT3-RNAi-R 引物的 5’ 端分别加上 *Xba* I & *Xho* I 以及 *Hind* III & *Kpn* I 酶切位点。

沉默片段 PCR 扩增引物如下：

SlHDT3-RNAi-F：5’ **CGG**（GGTAC）<u>CAAGCTT</u>AAAAAGCTAAACAAGCAACC3’

［注：( ) 为 *Kpn* I 酶切位点；下划线为 *Hin*d III 酶切位点；黑体为保护碱基。］

SlHDT3-RNAi-R:5’ **CCG**（CTCGAG）<u>TCTAGA</u>TAAAGAAAGGTGTTCAAAATAGTA 3’

［注：( ) 为 *Xho* I 酶切位点；下划线为 *Xba* I 酶切位点；黑体为保护碱基。］

PCR 反应体系如下：

试剂	用量
10 mmol/L dNTPs mix	1 μL
25 mmol/L $MgCl_2$	3 μL
10 × PCR buffer（Mg^{2+} free）	5 μL
SlHDT3-RNAi-F（10 μmol/L）	2 μL
SlHDT3-RNAi-R（10 μmol/L）	2 μL
pMD19-T::*SlHDT3* 质粒（稀释 100 倍）	1 μL
r-Taq 酶（5 U/μL）	0.4 μL
加 ddH_2O 至	50 μL

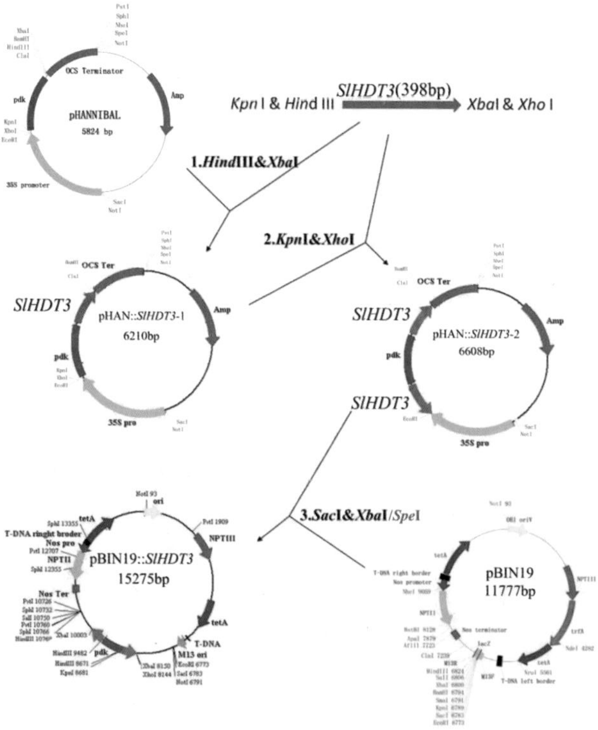

图4.1　*SlHDT3*基因RNAi干扰沉默载体构建流程图

PCR 程序为：94℃，预变性 5 min → [94℃，30 s → 56℃，30 s → 72℃，45 s]$_{\times 35\ cycles}$ → 72℃，10 min。取 PCR 产物 5 μL 用琼脂糖凝胶（1.5%）电泳检测，无误后将剩余 PCR 产物经纯化并测定浓度，于 -20℃ 冰箱保存待用。

4.3.9.2　*SlHDT3* 基因正向片段的插入

将 4.3.9.1 中获得的 PCR 纯化产物和 pHANNIBAL 载体质粒用 *Hind* III 和 *Xba* I 进行双酶切（图 4.1）。酶切体系如下：

试剂	用量
10 × M Buffer	5.0 μL
SlHDT3 目的片段 /pHANNIBAL 质粒	2.0 μg
Xba I（8 U/μL）	1.0 μL
Hind III（8 U/μL）	1.0 μL
加 ddH_2O 至	50 μL

37℃酶切 8 h，取酶切产物 5 μL 进行琼脂糖凝胶（1.5%）电泳检测验证酶切效果后，将剩余酶切产物用 DNA 纯化试剂盒纯化。将纯化后的 pHANNIBAL 载体和目的片段进行连接（如 3.3.4.2 所述），连接体系如下：

试剂	用量
pHANNIBAL 质粒	0.5 μL
SlHDT3 目的片段	4.5 μL
Solution I	1.0 μL

以上体系混匀后 16 h 过夜连接。

大肠杆菌 DH5 α 感受态转化（依 3.3.4.3 所述）、菌落 PCR 筛选（依 3.3.4.4 所述）以及质粒的提取（依 3.3.4.5 所述）后进行酶切验证（依 3.3.5.4 所述），酶切验证体系如下：

试剂	用量
pHANNIBAL::*SlHDT3*	2.0 μg
10 × M Buffer	5.0 μL
Xba I（8 U/μL）	1.0 μL
Hind III（8 U/μL）	1.0 μL
加 ddH_2O 至	50 μL

酶切验证后，将正确菌液送测序，进行进一步正向序列比对。序列比对一致的转化子命名为 pHANNIBAL::*SlHDT3*-1。菌液 -80℃冰箱冻存备用，质粒 -20℃冰箱保存备用。

4.3.9.3 *SlHDT3* 基因反向片段的插入

如图 4.1 所示，将 4.3.9.2 中获得的 pHANNIBAL::*SlHDT3*-1 质粒和 4.3.9.1 中获得的 PCR 纯化产物用 *Kpn* I 和 *Xho* I 进行双酶切，酶切体系参照 3.3.5.2。纯化酶切产物后进行连接（连接体系参考 3.3.4.2）、大肠杆菌 DH5 α 感受态细胞转化（如 3.3.4.3）、菌落 PCR 筛选（如 3.3.4.4）以及质粒的提取（如 3.3.4.5）并酶切验证（如 3.3.5.4）。酶切验证后，将正确菌液送测序，进行进一步反向序列比对。序列比对一致的转化子命名为 pHANNIBAL::*SlHDT3*-2。菌液 -80℃冰箱冻存备用，质粒 -20℃冰箱保存备用。

4.3.9.4 *SlHDT3* RNAi 终载体的构建

将 4.3.9.3 中获得的 pHANNIBAL::*SlHDT3*-2 质粒用 *Sac* I 和 *Spe* I 进行双酶切，将 pBIN19 质粒用 *Spe* I 的同尾酶 *Xba* I 和 *Sac*

I 进行双酶切。酶切体系参照 3.3.5.2。纯化酶切产物后进行连接（连接体系参考 3.3.4.2）、大肠杆菌 DH5α 感受态细胞转化（如 3.3.4.3）、菌落 PCR 筛选（如 3.3.4.4）以及质粒的提取（如 3.3.4.5）并酶切验证（如 3.3.5.4）。酶切验证后，验证体系如下：

试剂	用量
10 × M Buffer	5.0 μL
pBIN19::*SlHDT3*	2.0 μg
Spe I（8 U/μL）	1.0 μL
Sac I（8 U/μL）	1.0 μL
加 ddH_2O 至	50 μL

37℃酶切 4 h，酶切产物进行琼脂糖凝胶（1.5%）电泳检测。酶切验证无误后，将对应的菌液送测序，测序结果无误后的转化子命名为 pBIN19::*SlHDT3*。菌液 –80℃冰箱保存备用，质粒 –20℃冰箱保存备用。

4.3.10　农杆菌 LBA4404 介导的番茄转基因及阳性转基因株系的筛选

具体转化及筛选方法和步骤见 3.3.6~3.3.8 所述。

4.3.11　沉默转基因株系 *SlHDT3* 基因的表达水平检测

为了准确鉴定阳性番茄转基因株系的沉默效率，我们收取了

野生型以及 *SlHDT3* 基因沉默转基因株系番茄幼叶（YL）、绿熟期（MG）、破色期（B）和破色期 4 天后（B+4）果实的生物材料，提取 RNA 并反转录为 cDNA（如 2.3.3 和 2.3.4），以 *CAC* 基因（表 2.4）为内参，利用实时定量 PCR 技术检测 *SlHDT3* 基因（表 2.4）表达水平。

4.3.12 果实总叶绿素及类胡萝卜素的提取

具体提取与测定方法见 3.3.10。

4.3.13 果实乙烯合成量的测定

具体测定实验方法见 3.3.12。

4.3.14 *SlHDT3* 转基因对番茄果实耐贮藏性的影响

具体实验方法见 3.3.13。

4.3.15 *SlHDT3* 转基因对成熟相关基因表达的影响

所检测的基因及实验方法见 3.3.14。

4.4 结果与分析

4.4.1 *SlHD2s* 基因的核苷酸及蛋白序列生物信息学分析

根据已有的序列号及信息和 4.3.4 中所提供的生物信息学方法，对 3 个番茄 *SlHD2s* 亚家族基因 *SlHDT1*~*SlHDT3* 的分子特征、结构特征及序列同源性等进行了分析（表 4.3）。

4.4.1.1 番茄 *SlHD2s* 基因的结构特征分析

表 4.3 番茄中 *SlHD2s* 基因分子特征

基因名称	ORF 长度 /bp	蛋白质				基因识别
		长度 /aa	相对分子质量 /ku	等电点	疏水性	
SlHDT1	810	269	28.98	4.94	−1.117	Solyc09g091440
SlHDT2	924	307	33.65	4.75	−0.857	Solyc03g112410
SlHDT3	954	317	34.47	4.58	−1.171	Solyc06g071680

由表 4.3 可知，这 3 个 *SlHD2s* 基因氨基酸残基数量、蛋白质相对分子质量、等电点都存在差异，因此可以推测这些蛋白在植物体中可能具有不同的生物学功能。此外，这些蛋白均为疏水性蛋白。

4.4.1.2　番茄和拟南芥 SlHD2s 蛋白的分类进化分析

我们利用 MEGA 7.0 软件通过 Neighbor joining 法构建了拟南芥与番茄 HD2s 蛋白质进化树。结果表明 SlHDT1、SlHDT2 和 SlHDT3 与拟南芥中 AtHDT3 都有较高的同源性（图 4.2），暗示它们在番茄中所起的作用可能与拟南芥中类似。

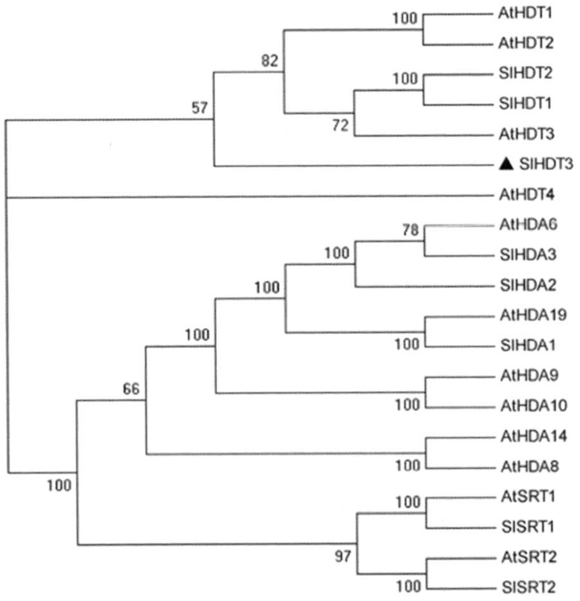

图4.2　番茄和拟南芥HD2s蛋白进化关系分析

进化树由 MEGA 7.0 软件构建。以邻接法构建系统发生树。番茄中的 SlHDT3蛋白用黑三角标明。

4.4.1.3　番茄和拟南芥 SlHD2s 氨基酸序列多重比对

为进一步了解该家族蛋白的亲缘及进化关系，我们将番茄 HD2s 亚家族成员和拟南芥 AtHDT3 进行了氨基酸多重序列比对，结果表明，每一个 SlHD2s 都包含去乙酰化活性位点（图 4.3），其他氨基酸相对保守。

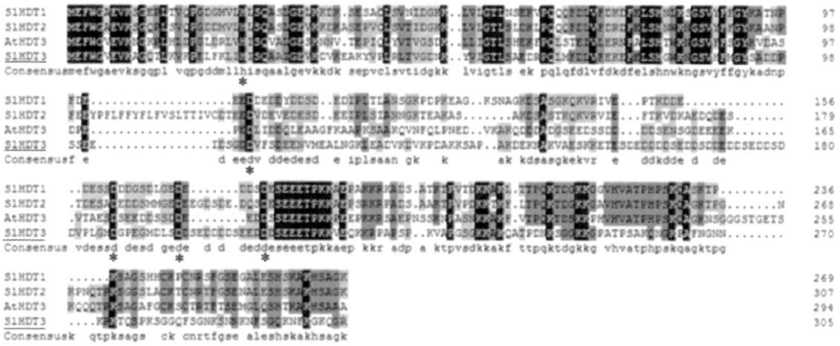

图4.3　番茄和拟南芥中HD2s氨基酸序列多重比对

*表示活性位点。相同的氨基酸序列用黑色表示,相似的氨基酸序列用灰色表示。

4.4.2　*SlHDT1* 和 *SlHDT3* 基因的组织表达模式分析

为了研究番茄 *SlHDT1* 和 *SlHDT3* 基因在野生型番茄 AC^{++} 中的组织表达特异性，运用定量 PCR 技术对这两个基因的表达模式进行了分析。结果如图 4.4 所示，*SlHDT1* 和 *SlHDT3* 基因都是在果实中特异表达，在其他组织中表达较弱。*SlHDT1* 基因在青果期的表达随着果实的发育逐渐减弱，直到果实开始成熟后表达又增强，并且随着果实的成熟减弱。*SlHDT3* 基因的表达水平随着果实的发育成熟持续降低。研究显示，拟南芥中抑制 *AtHD2A* 的表达导致拟南芥角果变短以及种子正常发育受阻（Lagace et al., 2003）和花芽龙眼中 *DlHD2* 基因通过调控乙烯响应基因的表达来调控果实的成熟和衰老（Kuang et al., 2012）。*SlHDT1* 和 *SlHDT3* 基因都是在果实中特异表达的结果表明，这两个基因可能在果实发育和成熟过程中发挥着一定的调控作用。

为了明确 *SlHDT3* 基因是否与果实成熟突变位点关联，我们进一步检测了 *SlHDT3* 基因在已知果实成熟突变位点的突变体 *Nr*（为乙烯不敏感突变）和 *rin*（影响果实成熟但不依赖于乙烯途径）中果实不同时期（从 IMG 到 B+7 时期）的表达模式。同时用乙烯利处理野生型番茄幼苗来检测 *SlHDT3* 基因及其乙烯信号转导基因 *ERF1* 的表达。图 4.5 表明 *SlHDT3* 基因在野生型番茄和突变体中的表达没有显著差异，并且在突变体中的表达趋势与野生型中一致。在乙烯利处理后 *SlHDT3* 基因的表达轻微下调，ERF 基因的表达明显上调。表明 *SlHDT3* 的表达不受 *rin* 和 *Nr* 突变位点的影响，且不受乙烯的诱导。

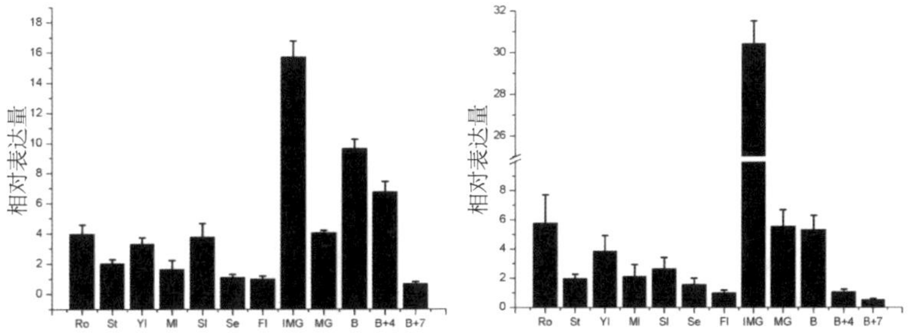

图4.4　*SlHDT1*（a）和*SlHDT3*（b）基因在野生型番茄中的表达模式

Ro，根；St，茎；YL，幼叶；ML，成熟叶；SL，衰老叶；Se，萼片；Fl，花；IMG，青果期；MG，绿果期；B，破色期；B+4，破色期后第4天果实；B+7，破色期后第7天果实。

4.4.3　*SlHDT1* 和 *SlHDT3* 基因的非生物胁迫处理表达模式分析

为了进一步探索非生物胁迫对番茄 *SlHDT1* 和 *SlHDT3* 基因转录调控的影响，研究番茄 *SlHDT1* 和 *SlHDT3* 基因的潜在功能，我们对野生型番茄进行了高盐、高温、低温和脱水等非生物胁迫处理，并通过定量 RT–PCR 技术对处理后 *SlHDT1* 和 *SlHDT3* 基因表达特征进行了分析。

图 4.6 结果表明，*SlHDT1* 和 *SlHDT3* 基因的表达能够明显被 NaCl 胁迫诱导，但是 *SlHDT1* 基因的诱导表达在叶片中更明显，而 *SlHDT3* 基因诱导的表达在根中更明显。脱水胁迫处理后 1 h，

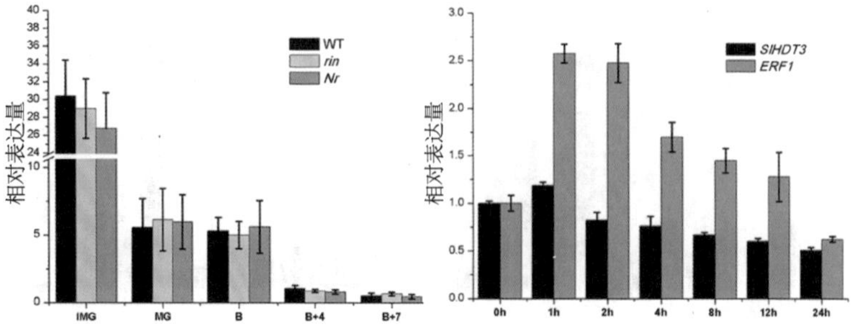

（a）　　　　　　　　　　　　（b）

图4.5　*SIHDT3*基因表达模式与响应

（a）*SlHDT3*基因在野生型番茄、突变体*rin*和*Nr*中的表达模式。突变体果实成熟时期的标记同WT型番茄。IMG，青果期；MG，绿熟期；B，破色期；B+4，破色期后第4天果实；B+7，破色期后第7天果实。（b）*SlHDT3*基因和*ERF*基因对乙烯利的响应。

SlHDT1 和 *SlHDT3* 基因的表达均被明显诱导，但是随着胁迫处理的继续，它们的表达水平持续降低。此外，*SlHDT1* 和 *SlHDT3* 基因也能够被高温和低温胁迫诱导。这些结果表明，*SlHDT1* 和 *SlHDT3* 基因有可能参与了番茄多种非生物胁迫的响应。

4.4.4　*SlHDT3* 转基因苗系的培育及筛选

结合组织表达模式分析与非生物胁迫处理表达模式分析的结果，我们推测 *SlHDT1* 和 *SlHDT3* 基因有可能参与了番茄果实发育成熟过程的调控与非生物胁迫响应，我们筛选了 *SlHDT3* 基因并对其进行沉默载体构建，以期对其生物学功能做进一步的

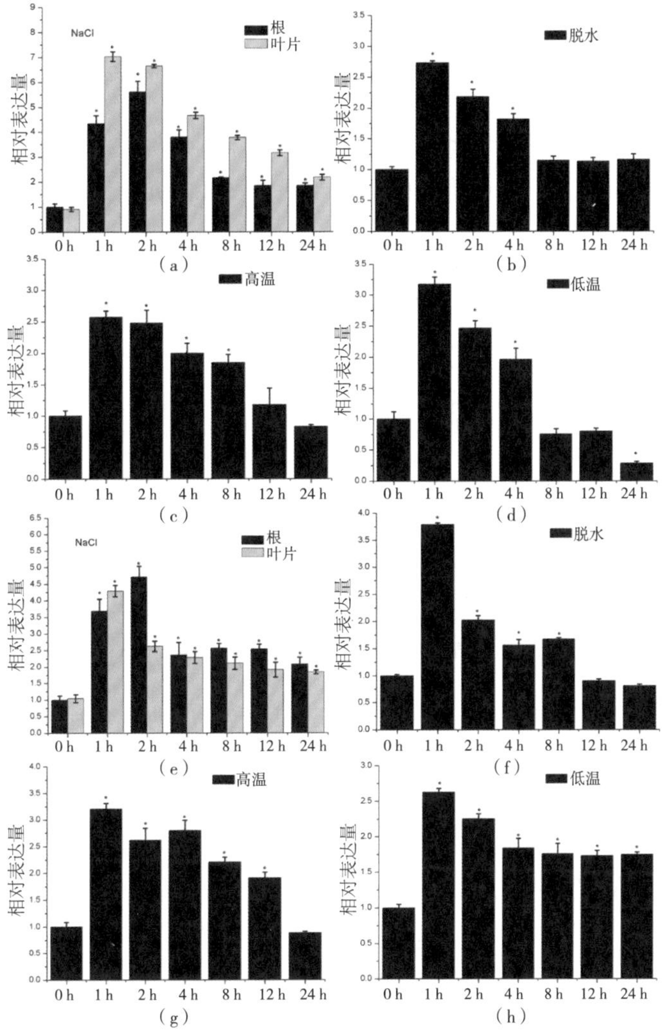

图4.6　*SlHDT1*［（a）~（d）］和*SlHDT3*［（e）~（h）］基因在各种非生物胁迫处理下的表达模式

包括盐、高温、低温、脱水和伤害胁迫。未处理的根中基因相对表达水平（0 h）标准化为1。

探索。

为了验证 *SlHDT3* 基因 RNAi 沉默植物双元载体（pBIN19::*SlHDT3*）构建的准确性和完整性，我们分别用 *Sac* I 和 *Spe* I 酶进行了双酶切及其单酶切验证，结果如图 4.7 所示，单酶切将环状质粒切为线性质粒，双酶切可切出 3 000 bp 大小的两个片段。表明该 RNAi 沉默载体构建正确。

通过结合转移，我们将构建好的 *SlHDT3* 基因 RNAi 沉默植物双元载体的 pBIN19::*SlHDT3* 质粒转入农杆菌 LBA4404 菌株，并利用菌株侵染野生型番茄幼苗的子叶外植体，培育出了 7 个独立的沉默 pBIN19::*SlHDT3* 番茄再生株系。

7 个独立沉默的 pBIN19::*SlHDT3* 番茄再生株系的 *NPT II* 基因的 PCR 结果如图 4.8 所示，均为 *NPT II* 阳性。表明 pBIN19::*SlHDT3* 双元载体的 T-DNA 区已经成功整合到再生苗的基因组 DNA 中。

不同的转基因株系中，T-DNA 插入的位点和拷贝数可能不同，因此 *SlHDT3* 基因在不同株系中的沉默效率也可能不同。为了获取沉默效率较高的株系，我们利用定量 PCR 技术对这 7 个已经完成 *NPT II* 检测的阳性株系中 *SlHDT3* 基因的表达水平进行了检测。结果如图 4.9（a）所示，在幼叶中，7 个沉默转基因株系中 *SlHDT3* 基因的表达水平明显下调，沉默效果达到 90%~95%。我们选取了其中 3 个株系（RNAi1、RNAi2、RNAi6）作为后期实验中的重点研究对象。

由于 *SlHDT3* 基因在果实中表达水平相对较高，我们分别收集了野生型和转基因株系的 MG、B 和 B+4 时期的果实材料来进一步检测 *SlHDT3* 基因的沉默效率。结果如图 4.9（b）所示，*SlHDT3* 基因在转基因株系中的表达水平只有野生型中的 5%~10%。

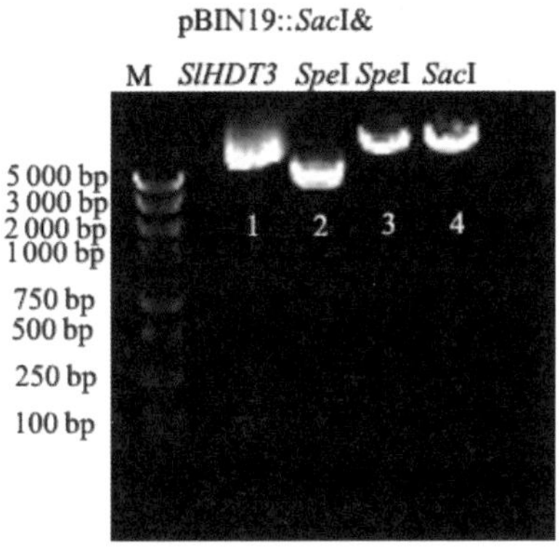

图4.7　*SlHDT3*基因 RNAi沉默载体*Sac* Ⅰ & *Spe* Ⅰ酶切验证

M：DL2000 plus；1：pBIN19-*SlHDT3*质粒对照；2：pBIN19-*SlHDT3*的*Sac* Ⅰ & *Spe* Ⅰ 酶切结果；3:pBIN19-*SlHDT3*的*Spe* Ⅰ单酶切结果；4：pBIN19-*SlHDT3*的*Sac* Ⅰ单酶切结果。

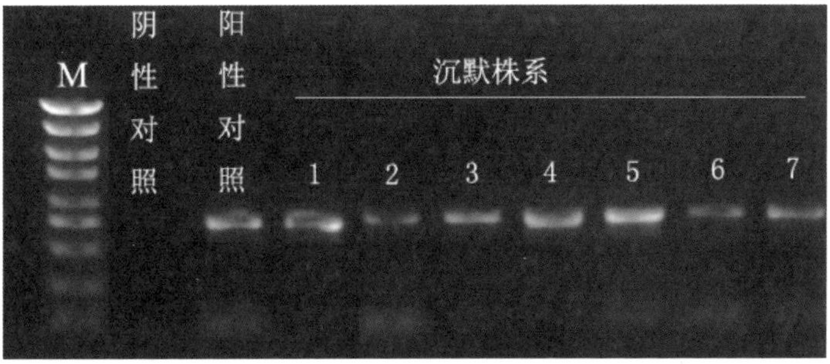

图4.8　*SlHDT3*-RNAi转基因番茄标记基因*NPT II*阳性鉴定

M：DL2000 plus marker；1~7：7个pBIN19::*SlHDT3*独立转基因番茄。

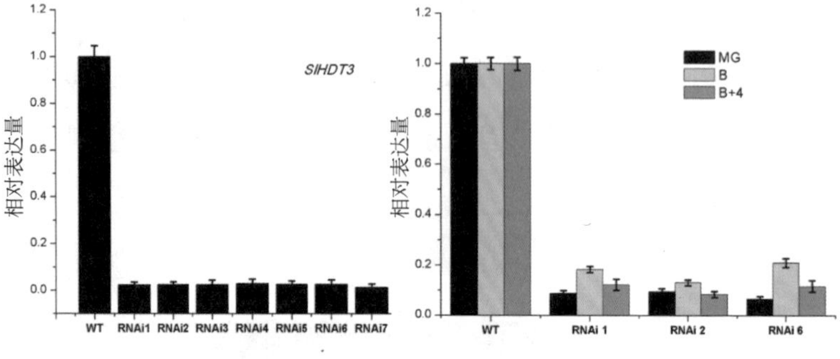

（a）　　　　　　　　（b）

图4.9　RNAi株系幼叶（a）及花和果实（b）中 *SlHDT3*基因的表达水平检测

leaves，幼叶；MG，绿熟期；B，破色期；B+4，破色期后第4天。

此外，为了确定 *SlHDT3* 沉默片段的特异性，我们检测了 *SlHDT3* 基因最同源的两个 *SlHD2s* 基因 *SlHDT1* 和 *SlHDT2* 在沉默转基因株系 RNAi1、RNAi2、RNAi6 中的表达水平。图 4.10 表明 *SlHDT1* 和 *SlHDT2* 基因在 *SlHDT3* 基因沉默株系中的表达并未受到影响。表明所选沉默片段为 *SlHDT3* 基因的特异片段，番茄中其他 *SlHD2s* 基因的表达并未受到该基因沉默的影响。

4.4.5　*SlHDT3* 基因的沉默延迟了番茄果实的成熟

在果实发育和成熟的过程中，我们观察到 *SlHDT3* 基因的沉默并未影响番茄果实的大小，而果实的成熟时间推迟了 3 d 左右（表 4.4）。如图 4.11 所示，授粉后 36 d，野生型果实开始变黄，

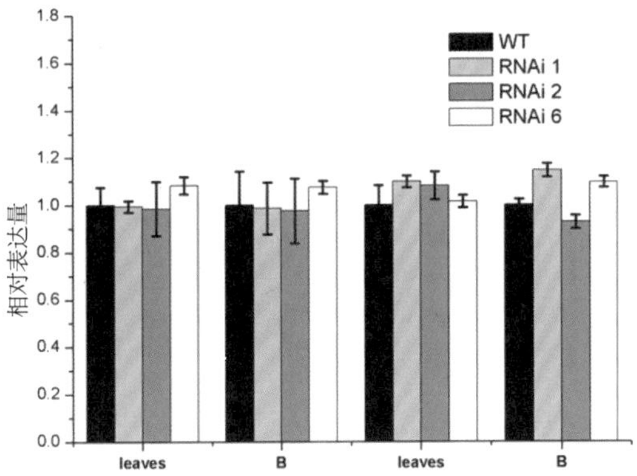

图4.10　番茄中*SlHDT3*基因最同源基因在*SlHDT3*沉默转基因株系中的表达水平检测

leaves，幼叶; B，破色期。

而转基因果实色泽几乎没有变化。授粉后 39 d 左右，野生型果实表皮已经完全变红，而转基因果实才开始变黄。

表 4.4　从开花期到破色期的天数统计

番茄果实	天数
野生型	36.0 ± 0.50
RNAi 1	38.7 ± 0.41
RNAi 2	39.1 ± 0.33
RNAi 6	39.2 ± 0.53

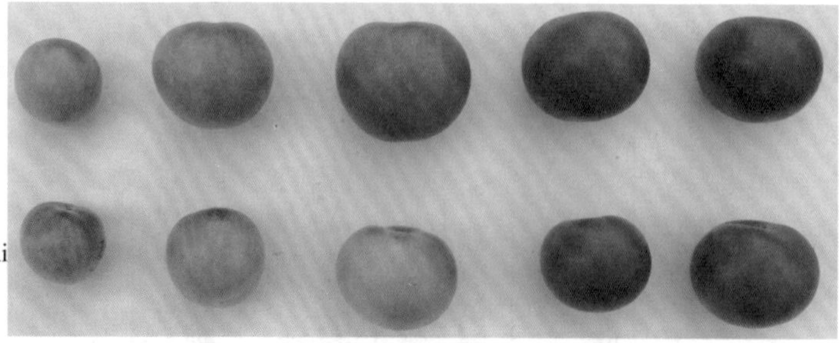

图4.11 *SlHDT3*-RNAi沉默株系的表型

图为授粉 20、36、39、43、46 d的番茄果实。

4.4.6 *SlHDT3* 基因的沉默改变了果实色素含量及相关基因的表达

SlHDT3 基因沉默后果实叶绿素的降解及类胡萝卜素积累明显比野生型中晚，而且成熟后的果实呈现橙色。为了确定这一表型是否与果实色素代谢有关，我们检测了果实成熟各时期果皮中总叶绿素和类胡萝卜素的含量。图 4.12 表明，*SlHDT3*–RNAi 株系 B 时期总叶绿素含量是野生型中的 1.2 倍，而 B+4 和 B+7 时期果皮总叶绿素含量是野生型中的 2~3 倍。与叶绿素含量差异相反，*SlHDT3*–RNAi 株系果皮中总类胡萝卜素的含量只有野生型中的 70%。

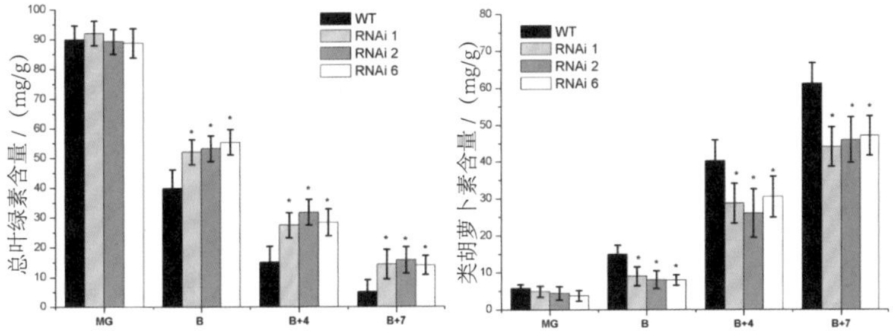

（a）　　　　　　　　（b）

图4.12　WT和*SlHDT3*转基因番茄果皮中色素含量比较

（a）总叶绿素含量；（b）类胡萝卜素含量。B，破色期；B+4，破色期后第4天；B +7，破色期后第7天。

为了进一步确认果实色泽差异与类胡萝卜素含量差异相关，我们利用定量 RT–PCR 检测了从 MG 到 B+7 果实时期类胡萝卜素生物合成代谢相关基因的表达水平。如图 4.13 所示，*SlHDT3*–RNAi 株系中，*PSY1*（phytone synthease1）基因的转录水平在四个时期的表达水平明显下调，而 *LCY-B*、*LCY-E* 和 *CYC-B* 基因的表达水平却被明显地上调。结果表明，沉默 *SlHDT3* 基因的表达抑制了类胡萝卜素合成关键酶基因 *PSY1* 的表达，使得果实中总类胡萝卜素的生物合成受到抑制。而 *LCY-B*、*LCY-E* 和 *CYC-B* 的表达上调，导致了类胡萝卜素（橙色）的含量增加以及番茄红素（红色）含量的降低，进而出现了 *SlHDT3*–RNAi 株系果实橙色的表型。

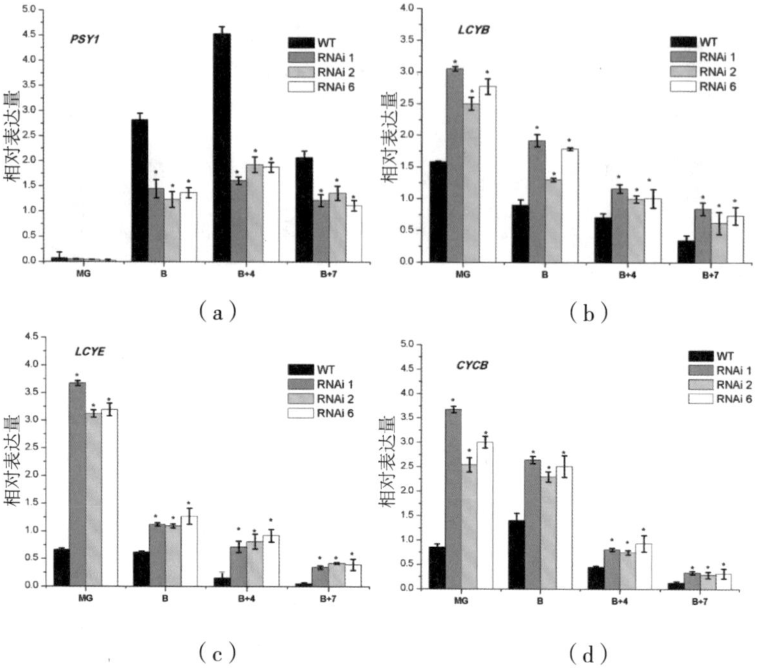

图4.13　*SlHDT3*-RNAi转基因和WT番茄中类胡萝卜素合成基因的表达分析

MG，绿熟期；B，破色期；B+4，破色期后第4天；B+7，破色期后第7天。

4.4.7　*SlHDT3* 基因的沉默抑制了乙烯的合成及乙烯相关基因的表达

乙烯的生物合成和感知能力是呼吸跃变型果实成熟过程起始时必须具备的，而乙烯的信号转导能力是果实成熟过程中乃至整个成熟过程的完成所必需的（Alexander and Grierson 2002）。

此外，果实成熟过程中类胡萝卜素的生物合成也受乙烯的调控（Maunders et al., 1987）。为了确认 *SlHDT3* 基因导致的果实成熟推迟是否与乙烯的生物合成相关，我们对果实成熟过程中三个时期（B、B+4 和 B+7）的番茄果实进行了乙烯含量测定。测定结果表明，*SlHDT3*-RNAi 转基因番茄 B、B+4 和 B+7 时期的果实中的乙烯含量明显低于野生型中乙烯含量［图 4.14（a）］。此外，与野生型番茄相比，*SlHDT3*-RNAi 果实中乙烯生物合成和信号转导相关基因的转录水平也明显下调［图 4.14（b）~（f）］。

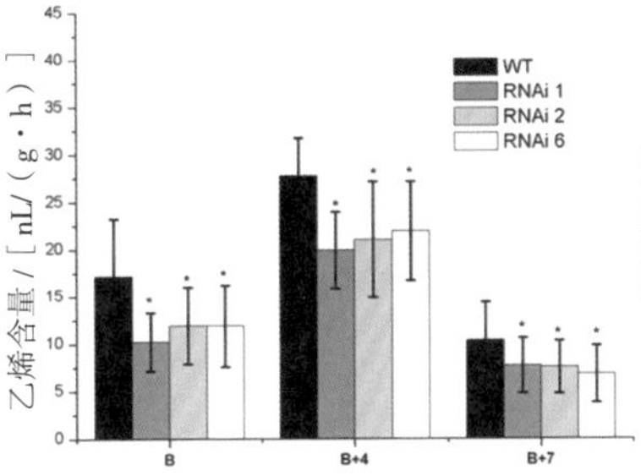

（a）

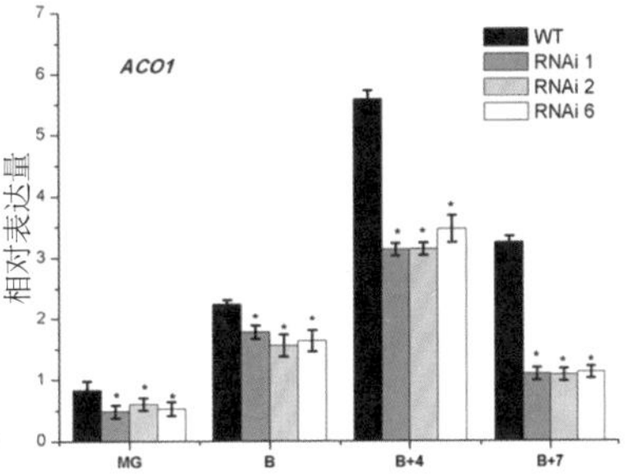

（b）

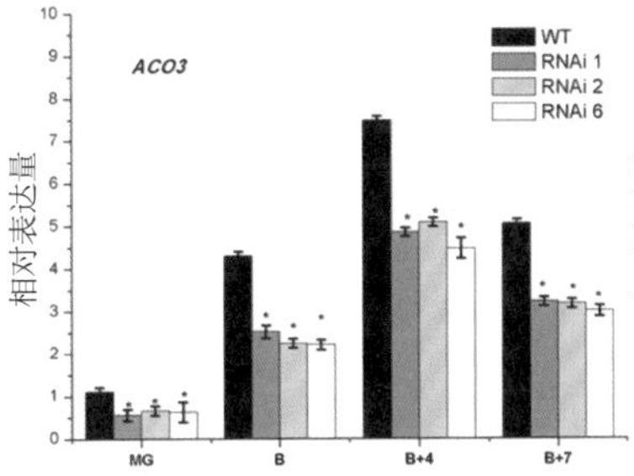

（c）

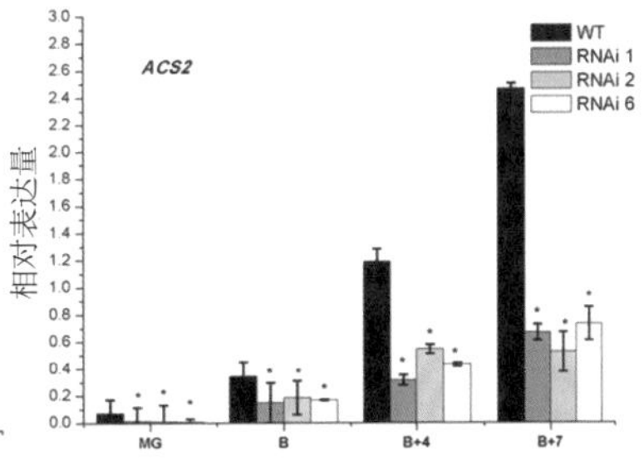

（d）

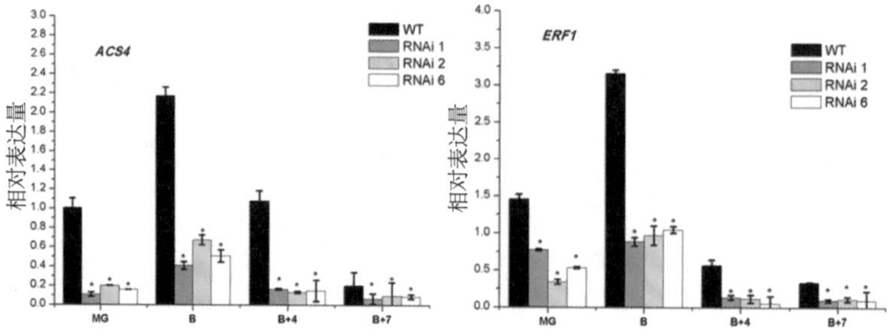

（e）　（f）

图4.14　*SlHDT3*-RNAi和WT番茄果实中乙烯含量和乙烯合成相关基因及信号转导相关基因的表达分析

MG，绿熟期；B，破色期；B+4，破色期后第4天；B+7，破色期后第7天。

4.4.8　*SlHDT3* 基因的沉默影响了果实成熟相关基因的表达

SlHDT3 基因的沉默使果实成熟时间推迟、总叶绿素降解延迟且含量增多、总类胡萝卜素含量减少，同时果实成熟过程中乙烯的生物合成量也减少。为了更好地探究 *SlHDT3* 基因在果实成熟过程中的作用，我们又进一步检测了一些受乙烯调控的果实成熟相关基因的表达。如 *RIN*、*E4*、*E8*、*LOXB*、*PG* 和 *Pti4*。如图 4.15 所示，与 WT 番茄相比，这些基因在 *SlHDT3*-RNAi 果实中的表达水平显著下调。表明 *SlHDT3* 基因的沉默使得这些果实成熟相关基因的表达水平被不同程度地抑制了，进而推迟了果实的正常成熟。

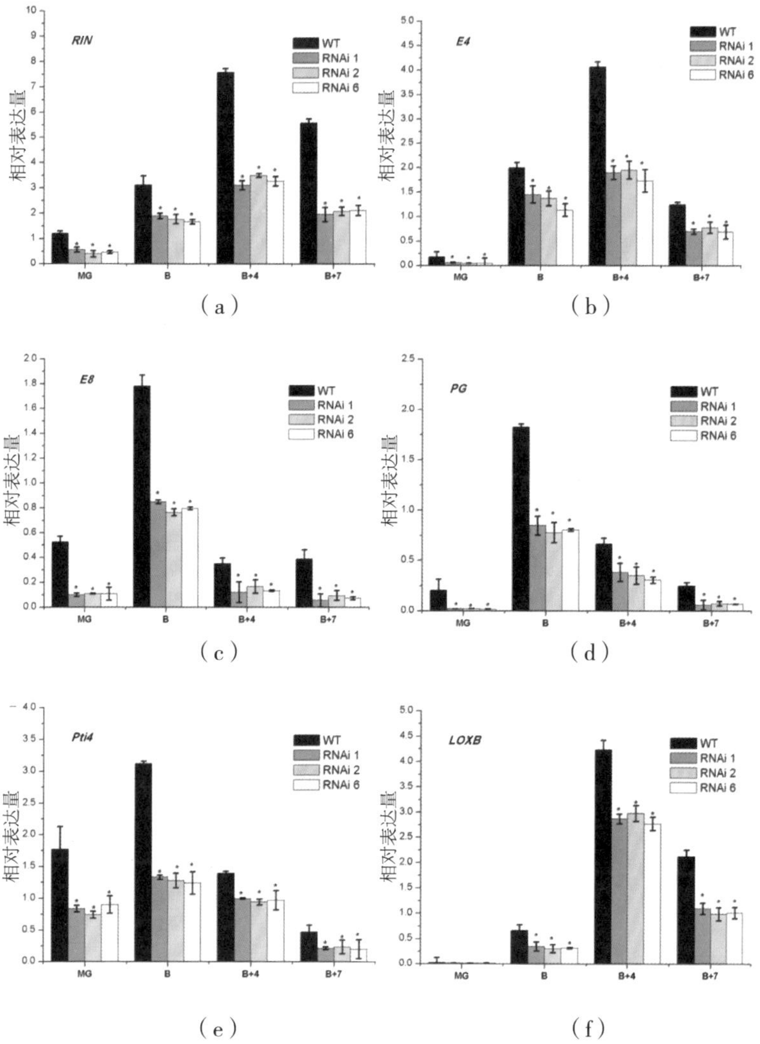

图4.15　*SlHDT3*-RNAi转基因和WT番茄果皮中

果实成熟相关基因的表达分析

MG，绿熟期；B，破色期；B+4，破色期后第4天；B+7，破色期后第7天。

4.4.9 *SlHDT3* 基因的沉默影响了番茄果实的贮藏

呼吸跃变型果实在成熟过程中有大量乙烯气体释放，在催化果实成熟的同时也影响了果实的贮藏期。我们将 *SlHDT3*-RNAi 转基因和野生型番茄 B+7 时期的果实同时采摘并置于相同条件下贮藏。发现 B+19 天时，野生型番茄果实开始软化，而 *SlHDT3*-RNAi 转基因番茄果实几乎没变化。B+35 天时，野生型番茄果实变软、脱水甚至发霉腐烂，而 *SlHDT3*-RNAi 转基因番茄果实才开始变软。同时我们对果壁细胞代谢相关基因检测的结果表明，与野生型番茄相比，这些基因的表达水平在 *SlHDT3*-RNAi 转基因番茄中明显下调（图 4.16）。

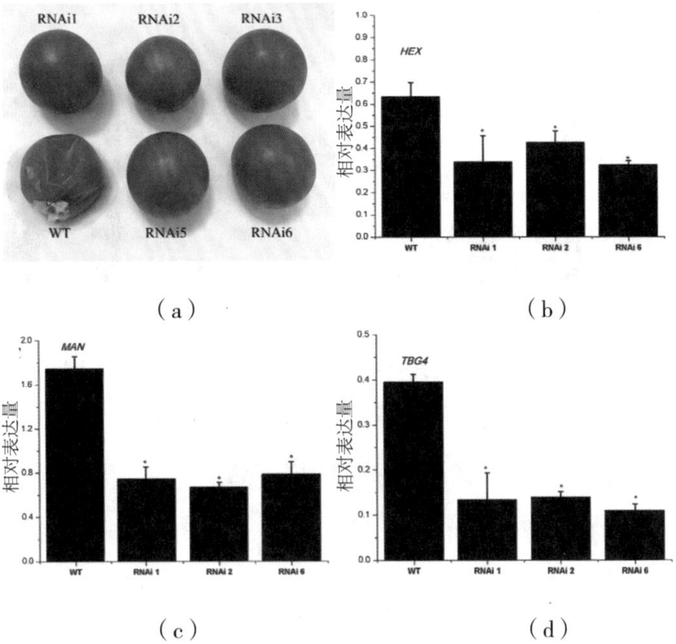

（a）（b）（c）（d）

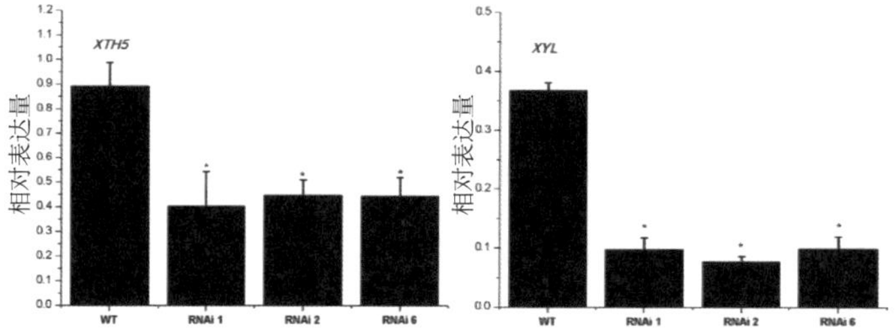

（e）　　　　　　　　　　　　（f）

图4.16　WT和*SlHDT3*-RNAi转基因番茄果实贮藏表型及果壁代谢相关基因的表达分析

（a）果实贮藏实验中野生型和*SlHDT3*-RNAi转基因番茄的表型；

（b）~（f）果壁代谢相关基因的表达水平。

4.5　讨论

在本研究中，我们筛选和鉴定了三个番茄组蛋白去乙酰化酶 HD2s 亚家族基因，*SlHDT1*~*SlHDT3*。进化树分析表明，HD2s 亚家族成员相对保守，每一个 SlHD2s 都包含去乙酰化活性位点（图 4.3），其他氨基酸相对保守。随后我们对 *SlHDT1* 和 *SlHDT3* 基因的组织特异性表达模式和多种非生物胁迫响应表达模式进行了分析，结果表明，*SlHDT1* 和 *SlHDT3* 基因在果实中特异表达，并且受各种非生物胁迫诱导。这一结果暗示它们可能参与番茄果实发育成熟和非生物胁迫响应，但需要通过基因功能研究进一步分析确认。因此，我们选择了其中一个基因（*SlHDT3*）进行了沉默载体构建，结果证实 *SlHDT3* 的沉默推迟了番茄果实的成熟，影响了果实正常的发育成熟。

4.5.1 *SlHDT3* 基因影响果实成熟过程中类胡萝卜素的积累

番茄果实成熟过程中最明显的特征就是叶绿素的降解和类胡萝卜素的生物合成。类胡萝卜素是番茄果实呈现红色的主要原因，在果实成熟过程中番茄红素的含量急剧上升（Giovannoni 2001；Fraser et al., 1994）。到目前为止，人们通过番茄果实突变体对类胡萝卜素的合成代谢途径进行了相对完善的研究（Fraser and Bramley 2004）。在类胡萝卜素合成代谢途径中，*PSY1* 是一个主要的调控因子（Fraser et al., 1994；Bramley 2002）。*PSY1* 基因突变后，成熟的番茄果实由于缺乏类胡萝卜素呈现黄色（Bramley 1993；Bird et al., 1991）。番茄红素的环化作用是类胡萝卜素代谢途径中的一个重要分支点，一条支路是由 LCY–B 和 CYC–B 催化的 β – 胡萝卜素，而另一条支路是由 LCY–B 和 LCY–E 催化的 α – 胡萝卜素（Hirschberg 2001）。因此，番茄红素和 β – 胡萝卜素的相对比例也受 *PSY1*、*CYC-B*、*LCY-B* 和 *LCY-E* 的调控。*PSY1* 基因的下调和 *CYC-B* 基因的上调都可

以使 β－胡萝卜素（橙色）和番茄红素（红色）相对比增加（Ronen et al., 2000；Alba et al., 2005）。我们的研究结果表明，在 *SlHDT3*–RNAi 转基因果实中，叶绿素的降解以及类胡萝卜素的合成与野生型相比都有延迟（表 4.4，图 4.11）。类胡萝卜素和叶绿素含量检测结果也表明，在果实成熟的 B、B+4 和 B+7 时期，*SlHDT3*–RNAi 转基因果实中叶绿素的含量明显高于野生型，而类胡萝卜素的含量明显低于野生型（图 4.12）。在类胡萝卜素生物合成相关基因的表达水平检测中，我们发现 *PSY1* 基因的表达水平被明显上调，而 *CYC-B* 基因的转录被明显下调（图 4.13），使得番茄红素含量降低而 β－胡萝卜素含量增加，这也在分子水平上解释了 *SlHDT3*–RNAi 转基因果实呈现橙色。与此类似，番茄 NAC 转录因子家族基因 *SlNAC4* 也是通过调控类胡萝卜素的含量来正向调控果实成熟的。抑制 *SlNAC4* 基因表达的番茄果实中总类胡萝卜素的含量减少，并且随着 β－胡萝卜素积累增加，使得成熟的番茄果实呈现橙色（Zhu et al., 2014）。结合之前的数据，我们推测 *SlHDT3* 基因在番茄果实成熟过程中正向调控番茄类胡萝卜素生物合成并影响番茄红素的积累。

4.5.2 *SlHDT3* 基因影响乙烯的生物合成和果实的成熟

番茄果实的成熟与植物激素是密切相关的，其中乙烯就是促进果实成熟的典型植物激素（Hiwasa et al., 2003；Abeles et al., 1992)。目前，乙烯的生物合成信号途径已有相对完善的研究。在乙烯生物合成中，有两类信号途径，分别是系统 I 和系统 II（Bleecker and Kende 2000；McMurchie et al., 1972；Barry et al., 2000）。系统 I 是为植物体各器官生长发育提供基础水平的乙烯，这类基础水平的乙烯在植物体各个器官都可以检测到。系统 II 则是呼吸跃变型果实成熟所特有的，在果实成熟开始的瞬间乙烯大量合成。系统 II 中有两种乙烯生物合成的关键酶，即 ACS 和 ACO，ACS 主要负责将 SAM 转化为 ACC（Adams and Yang 1979），而 ACO 则负责将 ACC 转化为乙烯（Alexander and Grierson 2002）。*ACS* 基因的转录调控是乙烯生物合成的关键点（Barry et al., 1996），在番茄中，*SlACS2* 基因是将乙烯生物合成系统由系统 I 转向系统 II 的关键因子（Barry et al., 2000；Alexander and Grierson 2002；Oeller et al., 1991）。此外，*SlACO1* 和 *SlACO3* 基因也被报道在呼吸跃变型果实成熟过程中有激发果实成熟起始的作用（Alexander and Grierson 2002）。我们的研究结果表明，与野生型番茄果实相比，*SlHDT3*-RNAi 转基因果实中的乙烯含量明显减少，乙烯合成相关基因的表达水平明显下调（图 4.14）。这一结果表明，*SlHDT3* 基因沉默后通过降低番茄果实中乙烯的生物合成来延迟番茄果实成熟。

SlMADS-RIN 是 MADS-box 家族中的一个果实成熟正调控因子，参与果实成熟过程中的乙烯生物合成、感知以及响应（Vrebalov et al., 2002）。*SlHDT3* 基因沉默后 *SlMADS-RIN* 基因的表达下调，表明 *SlHDT3* 基因可能是通过组蛋白去乙酰化或者甲

基化来促进 *SlMADS-RIN* 的表达。*E4* 和 *E8* 是两个果实特异性表达的乙烯响应因子，在果实成熟过程中发挥重要作用（Xu et al., 1996；Lincoln and Fischer 1988；Deikman and Fischer 1988）。*LOXB* 是一个受乙烯诱导的果实特异的脂肪氧合酶基因（Griffiths et al., 1999）。*PG* 是果实成熟特异酶合成基因，主要调控果实成熟过程中细胞壁的代谢，它的表达活性随着果实的成熟而增加（Giovannoni et al., 1989；Griffiths et al., 1999）。这些果实成熟相关基因通过调控一系列下游基因的表达来影响果实成熟过程中类胡萝卜素的积累、果壁细胞的结构以及与果实软化、色泽、口感、气味和营养物质等相关的代谢产物。研究结果表明，随着果实的成熟，这些基因的表达水平快速下调（图 4.15）。进一步说明 *SlHDT3* 基因的沉默推迟了番茄果实的成熟，*SlHDT3* 基因在果实成熟过程中起正调控作用（Barry and Giovannoni 2007；Pirrello et al., 2009）。

果实成熟过程中的软化是在多种果壁细胞代谢酶的共同作用下，果实细胞壁降解导致，而这些酶的活性受果壁细胞代谢相关基因的调控。如 *TBG4* 主要调控果实成熟早期半乳糖苷酶活性，抑制该基因的表达后果实中半乳糖苷酶的活性严重降低，导致果实的软化受阻（Brummell and Harpster 2001）。调控 *XTH5* 基因表达可以在不改变细胞壁的机械特性的基础上使细胞壁变软（Itai et al., 2003；Sun et al., 2012；Miedes and Lorences 2009；Meli et al., 2010）。在果实贮藏中，果皮的硬度、色泽以及厚度往往被当作衡量指标。我们的研究结果表明，*SlHDT3*-RNAi 转基因番茄果实硬度明显高于野生型番茄果实，而果壁细胞代谢相关基因 *HEX*、*MAN*、*TBG4*、*XTH5* 和 *XYL* 的转录水平也明显下调（图 4.16），这些结果表明沉默 *SlHDT3* 基因有利于番茄果实的贮藏性提高，*MAN*、*TBG4*、*XTH5* 和 *XYL* 的下调可能是果壁软化速度减慢的原因，而 *PG* 和 *HEX* 的下调使得番茄果实在贮藏过程中更不容易遭病原菌侵染发生霉变。

在 *SlHDT3*-RNAi 转基因番茄果实中，乙烯合成相关基因、果实成熟相关基因以及果壁细胞代谢相关基因的下调，表明抑制 *SlHDT3* 基因的表达可以通过下调这些相关基因的表达来延迟果实的成熟和软化。此外，我们的研究结果也表明，*SlHDT3* 基因的转录不受乙烯的诱导以及 *rin* 和 *Nr* 突变位点的影响（图 4.5）。因此，我们推测 *SlHDT3* 基因在果实成熟调控网络中是一个正调控因子，并且位于 *SlMADS-RIN* 上游。

综上所述，*SlHDT3* 基因在果实成熟过程中起正调控作用，通过影响乙烯的生物合成和果实成熟过程中类胡萝卜素的积累来影响果实的成熟。然而，更详尽的功能分析仍需要做进一步研究，比如该基因如何通过组蛋白去乙酰化调控机制来影响果实成熟过程中的物质代谢和基因表达。但作为一个正调控因子，*SlHDT3* 基因在平衡果实成熟调控网络中负调控因子功能方面具有重要作用，同时该基因的功能分析也为组蛋白去乙酰化酶基因 HD2 亚家族成员在果实成熟过程中扮演的角色做了一个初步的预测。

4.6　本章小结

（1）本研究中通过生物信息学分析、蛋白质序列比对，共鉴定出 3 个番茄 *SlHDACs* 基因 HD2 亚家族成员，即 *SlHDT1*、*SlHDT2* 和 *SlHDT3*，进化树分析结果表明，这三个 HD2 亚家族成员的蛋白质序列相对保守，都包含相同的活性位点。

（2）组织表达模式分析结果表明 *SlHDT1* 和 *SlHDT3* 基因为果实特异性表达基因，二者在果实中表达水平相对较高，在其他组织中表达水平相对一致，暗示它们可能参与番茄果实的发育和成熟。

（3）番茄 *SlHDT1* 和 *SlHDT3* 基因的转录水平能被多种非生物胁迫所诱导，包括 NaCl、高温、低温和脱水等。说明这两个基因可能在番茄非生物胁迫应答中具有相应的功能。

(4) *SlHDT3* 基因在果实中高量表达，尤其在青果时期表达量较高，随着果实的成熟，表达水平逐渐降低，在野生型番茄中的表达模式与在突变中的表达模式趋势一致，暗示 *SlHDT3* 基因可能通过参与乙烯的生物合成来调控番茄果实的成熟过程。

(5) *SlHDT3* 基因的沉默推迟了番茄果实成熟，果实色泽呈现橙色，果实成熟时间推迟，番茄果皮中叶绿素降解延迟，类胡萝卜素积累量减少，乙烯生物合成量降低。

(6) *SlHDT3* 基因的沉默影响了番茄的果实硬度、番茄果实的耐贮藏性能。

（7）*SlHDT3* 基因的沉默影响了类胡萝卜素合成代谢相关基因、乙烯生物合成与信号转导相关基因、果实成熟相关基因、果壁细胞代谢相关基因在番茄果实成熟过程中的表达。

第 5 章

结论与展望

5.1 主要结论

本研究通过生物信息学方法将之前从茄科基因组数据库SGN中筛选出的*HDACs*基因进行了进一步的分析鉴定，确认番茄中包含有14个SlHDACs成员。同时，以模式植物番茄为研究材料，根据组织特异性表达模式和多种非生物胁迫响应表达分析结果，筛选出可能参与番茄果实成熟调控与非生物胁迫响应的基因*SlHDA1*和*SlHDT3*，以转基因技术、定量PCR技术等为主要研究手段，从番茄植株的外在表型、生理生化及分子水平上系统分析了番茄*SlHDA1*和*SlHDT3*基因的功能。现将主要研究结果总结如下。

5.1.1 *SlHDA1* 基因参与了番茄果实成熟过程的调控

本研究通过对筛选到的9个番茄组蛋白去乙酰化酶RPD3/HDA1亚家族成员基因进行组织特异性表达模式分析，发现*SlHDA1*基因在青果时期表达量较低，在果实成熟后表达量增加，在破色期后4天达到最大值，最终我们确定*SlHDA1*基因是有可能参与番茄果实成熟过程的*SlHDACs*基因。随后我们对该基因进行了沉默载体构建，获得了沉默效率相对理想的转基因番茄株系。接着，我们对野生型植株与 *SlHDA1*-RNAi 转基因植株进行对比分析发现，转基因果实表现出叶绿素含量降低、类胡萝卜素积累量升高、果实成熟提前、乙烯生物合成量增加及果实软化霉变加快等加快番茄果实成熟的相关生理生化变化。相关基因表达分析结果表明，*SlHDA1*-RNAi 转基因番茄果实中类胡萝卜素合成代谢相关基因、乙烯合成及信号转导相关基因、受乙烯调控的果实成熟相关基因以及果壁细胞代谢相关基因的表达水平均被明显上调。这些结果表明，*SlHDA1* 基因在果实成熟过程中起负调控作用。

5.1.2　*SlHDA1* 基因影响番茄幼苗对 NaCl 和 ABA 的敏感性

我们对 9 个番茄组蛋白去乙酰化酶 RPD3/HDA1 亚家族成员基因进行多种非生物胁迫表达模式分析，发现包括盐、高温、低温和脱水等非生物胁迫处理均能显著诱导 *SlHDA1* 基因的表达。表明 *SlHDA1* 基因可能还参与番茄非生物胁迫响应。因此，我们进一步对番茄幼苗进行了 NaCl 和 ABA 的敏感性检测，结果表明在幼苗生长阶段，*SlHDA1*-RNAi 转基因植株对 NaCl 和 ABA 更为敏感，导致 NaCl 和 ABA 胁迫下 *SlHDA1*-RNAi 转基因幼苗的根和下胚轴长度明显短于野生型幼苗植株。

5.1.3 *SlHDA1* 基因影响番茄对盐和干旱的胁迫耐受力

我们进一步检查了外界非生物胁迫干旱和盐对 *SlHDA1*-RNAi 转基因番茄植株生长发育的影响。我们对野生型番茄植株和 *SlHDA1*-RNAi 转基因番茄植株在干旱和盐胁迫条件下的植株形态进行了表型观察，并对生理指标以及胁迫相关基因的表达水平进行检测。结果表明，在盐和干旱胁迫条件下，*SlHDA1*-RNAi 转基因植株中相对含水量降低、叶绿素降解加快，而水分损失速率加快，进一步说明 *SlHDA1* 基因的沉默降低了植株对盐和干旱的胁迫耐受力。此外，胁迫相关基因的表达分析结果表明，*SlHDA1*-RNAi 转基因植株中多个胁迫相关基因的表达出现不同程度的下调。说明 *SlHDA1* 基因的沉默影响了这些基因的表达，使得 *SlHDA1*-RNAi 转基因番茄植株的盐胁迫和干旱胁迫耐受力降低。以上结果说明，*SlHDA1* 基因在番茄盐和干旱胁迫响应中发挥着正调控作用。

5.1.4 *SlHDT3* 基因在乙烯信号上游参与调控番茄的果实成熟过程

本研究筛选到 3 个番茄组蛋白去乙酰化酶 HD2 亚家族成员基因 *SlHDT1*~*SlHDT3*，发现这三个基因相对保守，都含有相同的活性位点，并且有较高的同源性。我们对其中两个基因

SlHDT1 和 *SlHDT3* 进行组织特异性表达模式分析，发现这两个基因在果实中特异性表达，推测它们可能参与番茄果实发育成熟过程。同时，我们对 *SlHDT1* 和 *SlHDT3* 基因进行了多种非生物胁迫表达模式分析，发现 *SlHDT1* 和 *SlHDT3* 基因均能被盐、高温、低温和脱水等非生物胁迫诱导，推测它们可能参与番茄非生物胁迫响应。最后我们选择了其中一个基因 *SlHDT3* 进行沉默载体构建，并获得了沉默效率较高的转基因番茄株系。随后，我们对比分析野生型植株与 *SlHDT3*-RNAi 转基因植株的生长状况，发现转基因果实表现出类胡萝卜素积累量降低、叶绿素降解推迟并且降解过程受到抑制，果实成熟被延迟、乙烯的生物合成量降低及果实贮藏期变长等延缓果实成熟的相关生理生化变化。相关基因表达分析结果表明，*SlHDT3*-RNAi 转基因番茄果实中类胡萝卜素合成代谢相关基因、乙烯合成及转导相关基因、受乙烯调控的果实成熟相关基因以及果壁细胞代谢相关基因的表达水平均出现下调。此外，我们发现 *SlHDT3* 基因的表达水平不受乙烯诱导，且位于 *RIN* 基因的上游位点发挥作用。这些结果表明，*SlHDT3* 基因在果实成熟过程中起正调控作用。

5.2 展望

本研究通过系统的筛选、鉴定以及转基因实验，基本阐明了 *SlHDA1* 和 *SlHDT3* 基因在模式生物番茄中的生物学功能，对 *SlHDA1* 基因参与的番茄果实成熟调控以及非生物胁迫响应，*SlHDT3* 基因参与番茄果实成熟调控的功能有了初步的了解。然而，本研究依然有许多未完善的问题，比如，其他 8 个组蛋白去乙酰化酶 RPD3/HDA1 亚家族成员基因在果实中表达量也相对较高，也可能参与番茄果实发育与成熟的调控过程；*SlHDT3* 基因的表达受多种非生物胁迫的诱导，可能参与番茄多种非生物胁迫响应；*SlHDT1* 基因在果实中特异性表达，并受多种非生物胁迫诱导，也可能参与番茄果实发育与成熟的调控过程和非生物胁迫响应，这些都值得我们做进一步的探索。另外，*SlHDA1* 和 *SlHDT3* 基因的沉默使得番茄组蛋白去乙酰化水平发生什么样的变化，如何与其他果实成熟调控因子发生级联反应调控番茄果实成熟，以及它们是如何调控乙烯合成相关基因的表达，*SlHDA1* 基因如何调控胁迫相关基因来调控番茄的胁迫响应，这些问题仍需进一步的研究来阐明。结合已有的研究成果和相关文献资料，我们认为后续实验可以从以下几个方面着手。

（1）其他 8 个组蛋白去乙酰化酶 RPD3/HDA1 亚家族成员基因在果实中表达量也相对较高，也可能参与番茄果实发育与成熟的调控过程。同时它们也受多种非生物胁迫诱导，可能参与番茄非生物胁迫响应。后续可以通过转基因实验对这 8 个基因进行进一步的基因功能研究。

（2）*SlHDT1* 基因在果实中特异性表达，暗示它可能参与了番茄果实成熟过程的调控。同时 *SlHDT1* 的表达受多种非生物胁迫诱导，后续实验可以通过转基因技术对 *SlHDT1* 基因在番茄果实成熟及非生物胁迫响应中的功能做进一步的分析。

（3）*SlHDT3* 基因的表达受多种非生物胁迫诱导，因此后续实验中需进一步完善 *SlHDT3* 基因在非生物胁迫响应中的功能研究。

（4）*SlHDA1* 和 *SlHDT3* 基因的沉默对组蛋白乙酰化水平的影响依然不清楚，后续可通过染色体免疫共沉淀技术来进行乙酰化水平检测进一步探究组蛋白去乙酰化酶对果实成熟机制的调控。

（5）进一步分析 *SlHDA1* 和 *SlHDT3* 基因沉默转基因果实的耐储生理指标、贮藏过程中果壁代谢相关酶的活性，进一步探索它们在培育优质番茄品种中的应用。

（6）*SlHDA1* 和 *SlHDT3* 基因在复杂的果实成熟调控网络中的位置仍不清楚，SlHDA1 和 SlHDT3 蛋白与其他果实成熟调控因子间的相互作用及级联调控关系也不明确。利用荧光共振能量转移技术，在体内进一步研究确定 SlHDA1 和 SlHDT3 蛋白分别与 RIN、TAGL1、及 SlMADS1 等果实成熟正调控因子与负调控因子间的相互作用关系，同时进行酵母双杂交实验来探究

SlHDA1 和 SlHDT3 蛋白与其他蛋白的互作情况，进一步证实和检测 SlHDA1 和 SlHDT3 蛋白与其他调控蛋白的互作结果，以深入探索 SlHDA1 和 SlHDT3 蛋白在果实成熟调控网络中的位置。

（7）*SlHDA1* 基因参与番茄多种非生物胁迫响应的具体调控机制依然不清楚，*SlHDA1* 基因的沉默导致多个胁迫相关基因的表达显著下调，植株的胁迫耐受力降低，因此可进一步明确 *SlHDA1* 基因是否直接参与或是通过与其他蛋白互作来调控这些基因的表达，该基因在胁迫响应调控网络中的位置也有待进一步的研究。

参考文献

罗云波，2010. 果蔬采后生理与生物技术 [M]. 北京：中国农业出版社 .

沈成国，2001. 植物衰老生理与分子生物学 [M]. 北京：中国农业出版社 .

钟理，杨春燕，吴佳海，2014. 组蛋白去乙酰化酶（HDACs）及其调控的研究进展 [J]. 中国农学通报，30（21）：1–8.

ABELES F B，MORGAN P W，SALTVEIT JR M E，1992.Chapter 3 – the biosynthesis of ethylene. in:ethylene in plant biology（second edition）[M]. New York：academic press：26–55.

ADAMS–PHILLIPS L，BARRY C，GIOVANNONI J，2004.Signal transduction systems regulating fruit ripening[J]. Trends in Plant Science，9（7）：331–338.

ADAMS D O，YANG S F，1979.Ethylene biosynthesis – identification of 1–aminocyclopropane–1–carboxylic acid as an intermediate in the conversion of methionine to ethylene[J]. Proceedings of the National Academy of Sciences of the United States of America，76（1）：170–174.

ALBA R，CORDONNIER–PRATT M M，PRATT L H，2000.

Fruit-localized phytochromes regulate lycopene accumulation independently of ethylene production in tomato[J]. Plant physiology, 123（1）: 363-370.

ALBA R, PAYTON P, FEI Z J, et al., 2005.Transcriptome and selected metabolite analyses reveal multiple points of ethylene control during tomato fruit development[J]. Plant Cell, 17（11）: 2954-2965.

ALEXANDER L, GRIERSON D, 2002.Ethylene biosynthesis and action in tomato:a model for climacteric fruit ripening[J]. Journal of Experimental Botany, 53（377）: 2039-2055.

ALONSO J M, HIRAYAMA T, ROMAN G, et al., 1999.EIN2, a bifunctional transducer of ethylene and stress responses in Arabidopsis[J]. Science, 284（5423）: 2148-2152.

AUFSATZ W, METTE M F, VAN DER WINDEN J, et al., 2002. HDA6, a putative histone deacetylase needed to enhance DNA methylation induced by double-stranded RNA[J]. Embo Journal, 21（24）: 6832-6841.

BAPAT V A, TRIVEDI P K, GHOSH A, et al., 2010.Ripening of fleshy fruit:Molecular insight and the role of ethylene[J]. Biotechnology Advances, 28（1）: 94-107.

BARRY C S, BLUME B, BOUZAYEN M, et al., 1996.Differential expression of the 1-aminocyclopropane-1-carboxylate oxidase gene family of tomato[J]. Plant Journal, 9（4）: 525-535.

BARRY C S, GIOVANNONI J J, 2007.Ethylene and fruit ripening[J]. Journal of Plant Growth Regulation, 26 (2): 143–159.

BARRY C S, LLOP-TOUS M I, GRIERSON D, 2000.The regulation of 1–aminocyclopropane–1–carboxylic acid synthase gene expression during the transition from system–1 to system–2 ethylene synthesis in tomato[J]. Plant physiology, 123 (3): 979–986.

BENHAMED M, BERTRAND C, SERVET C, et al., 2006. Arabidopsis GCN5, HD1, and TAF1/HAF2 interact to regulate histone acetylation required for light–responsive gene expression[J]. Plant Cell, 18 (11): 2893–2903.

BIRD C R, RAY J A, FLETCHER J D, et al., 1991.Using antisense rna to study gene–function – inhibition of carotenoid biosynthesis in transgenic tomatoes[J]. Bio–Technology, 9 (7): 635–639.

BLEECKER A B, 1999.Ethylene perception and signaling:an evolutionary perspective[J]. Trends in Plant Science, 4 (7): 269–274.

BLEECKER A B, KENDE H, 2000.Ethylene: A gaseous signal molecule in plants[J]. Annual Review of Cell and Developmental Biology, 16:1.

BRAMLEY P M, 1993.Inhibition of carotenoid biosynthesis. In:Young AJ, Britton G (eds) carotenoids in photosynthesis[J]. Springer

Netherlands, Dordrecht: 127–159.

BRAMLEY P M, 2002.Regulation of carotenoid formation during tomato fruit ripening and development[J]. Journal of Experimental Botany, 53 (377): 2107–2113.

BREITEL D A, CHAPPELL–MAOR L, MEIR S, et al., 2016.Auxin response factor 2 intersects hormonal signals in the regulation of tomato fruit ripening[J]. Plos Genetics, 12 (3): e1005903.

BRUMMELL D A, HARPSTER M H, 2001.Cell wall metabolism in fruit softening and quality and its manipulation in transgenic plants[J]. Plant Molecular Biology, 47 (1): 311–339.

BUSZEWICZ D, ARCHACKI R, PALUSINSKI A, et al., 2016. HD2C histone deacetylase and a SWI/SNF chromatin remodelling complex interact and both are involved in mediating the heat stress response in Arabidopsis[J]. Plant Cell and Environment, 39 (10): 2108–2122.

CAMPOS E I, REINBERG D, 2009.Histones: annotating Chromatin[C]. In:Annual Review of Genetics.Annual Review of Genetics. 43: 559–599.

CARA B, GIOVANNONI J J, 2008.Molecular biology of ethylene during tomato fruit development and maturation[J]. Plant Science, 175 (1–2): 106–113.

CHEN C Y, WU K, SCHMIDT W, 2015.The histone deacetylase HDA19 controls root cell elongation and modulates a subset of phosphate starvation responses in arabidopsis[J]. Scientific reports 5.

CHEN G P, ALEXANDER L, GRIERSON D, 2004.Constitutive expression of EIL-like transcription factor partially restores ripening in the ethylene-insensitive Nr tomato mutant[J]. Journal of Experimental Botany, 55（402）: 1491–1497.

CHEN L T, WU K, 2010.Role of histone deacetylases HDA6 and HDA19 in ABA and abiotic stress response[J]. Plant signaling & behavior, 5（10）: 1318–1320.

CHEN W Q, LI D X, ZHAO F, et al., 2016.One additional histone deacetylase and 2 histone acetyltransferases are involved in cellular patterning of Arabidopsis root epidermis[J]. Plant Signaling & Behavior, 11（2）.

CHEN Y F, ETHERIDGE N, SCHALLER G E, 2005.Ethylene signal transduction[J]. Annals of Botany, 95（6）: 901–915.

CHINNUSAMY V, GONG Z, ZHU J K, 2008.Abscisic acid-mediated epigenetic processes in plant development and stress responses[J]. Journal of Integrative Plant Biology, 50（10）: 1187–1195.

CHOI S M, SONG H R, HAN S K, et al., 2012.HDA19 is required for the repression of salicylic acid biosynthesis and salicylic acid-mediated defense responses in Arabidopsis[J]. Plant Journal, 71（1）: 135–146.

CHUNG M Y, VREBALOV J, ALBA R, et al., 2010.A tomato (solanum lycopersicum) apetala2/ERF gene, SlAP2a, is a negative regulator of fruit ripening[J]. Plant Journal, 64 (6): 936–947.

CHUNG P J, KIM Y S, JEONG J S, et al., 2009.The histone deacetylase OsHDAC1 epigenetically regulates the OsNAC6 gene that controls seedling root growth in rice[J]. Plant Journal, 59 (5): 764–776.

CIGLIANO RA, CREMONA G, PAPARO R, et al., 2013a.Histone deacetylase atHDA7 is required for female gametophyte and embryo development in arabidopsis[J]. Plant physiology, 163 (1): 431–440.

CIGLIANO R A, Sanseverino W, Cremona G, et al., 2013b. Genome–wide analysis of histone modifiers in tomato:gaining an insight into their developmental roles[J]. Bmc Genomics, 14: 57.

COSTA F, ALBA R, SCHOUTEN H, et al., 2010.Use of homologous and heterologous gene expression profiling tools to characterize transcription dynamics during apple fruit maturation and ripening[J]. Bmc Plant Biology, 10: 229.

DANGL M, BROSCH G, HAAS H, et al, 2001.Comparative analysis of HD2 type histone deacetylases in higher plants[J]. Planta, 213 (2): 280–285.

DEIKMAN J, FISCHER R L, 1988.Interaction of a dna–binding factor with the 5'–flanking region of an ethylene–responsive fruit ripening gene from tomato[J]. Embo Journal, 7（11）: 3315–3320.

EARLEY K, LAWRENCE R J, PONTES O, et al., 2006.Erasure of histone acetylation by Arabidopsis HDA6 mediates large–scale gene silencing in nucleolar dominance[J]. Genes & Development, 20（10）: 1283–1293.

EARLEY K W, PONTVIANNE F, WIERZBICKI A T, et al., 2010. Mechanisms of HDA6–mediated rRNA gene silencing:suppression of intergenic Pol II transcription and differential effects on maintenance versus siRNA–directed cytosine methylation[J]. Genes & Development, 24（11）: 1119–1132.

ECKHARDT U, GRIMM B, HORTENSTEINER S, 2004.Recent advances in chlorophyll biosynthesis and breakdown in higher plants[J]. Plant Molecular Biology, 56（1）: 1–14.

EXPOSITO–RODRIGUEZ M, BORGES A A, et al., 2008. Selection of internal control genes for quantitative real–time RT–PCR studies during tomato development process[J]. Bmc Plant Biology, 8.

FORTH D, PYKE K A, 2006.The suffulta mutation in tomato reveals a novel method of plastid replication during fruit ripening[J]. Journal of Experimental Botany, 57（9）: 1971–1979.

FRASER P D, BRAMLEY P M, 2004.The biosynthesis and nutritional uses of carotenoids[J]. Progress in Lipid Research, 43（3）: 228–265.

FRASER P D, TRUESDALE M R, BIRD C R, et al., 1994.Carotenoid biosynthesis during tomato fruit-development[J]. Plant physiology, 105（1）: 405–413.

FRAY R G, GRIERSON D, 1993.Molecular-genetics of tomato fruit ripening[J]. Trends in Genetics, 9（12）: 438–443.

FUJITA M, FUJITA Y, MARUYAMA K, et al., 2004.A dehydration-induced NAC protein, RD26, is involved in a novel ABA-dependent stress-signaling pathway[J]. Plant Journal, 39（6）: 863–876.

GALLUSCI P, HODGMAN C, TEYSSIER E, et al, 2016. DNA methylation and chromatin regulation during fleshy fruit development and ripening[J]. Frontiers in Plant Science 7.

GAO M J, LI X, HUANG J, et al., 2015.Scarecrow-like15 interacts with histone deacetylase19 and is essential for repressing the seed maturation programme[J]. Nature Communications, 6.

GIMENEZ E, DOMINGUEZ E, PINEDA B, et al., 2015. Transcriptional activity of the MADS box arlequin/tomato agamous-like1 gene is required for cuticle development of tomato fruit[J]. Plant physiology, 168（3）: 1036.

GIOVANNONI J, 2001. Molecular biology of fruit maturation and ripening[J]. Annual Review of Plant Physiology and Plant Molecular Biology, 52: 725–749.

GIOVANNONI J J, 2004 .Genetic regulation of fruit development and ripening[J]. Plant Cell，16：S170–S180.

GIOVANNONI J J，2007. Fruit ripening mutants yield insights into ripening control[J]. Current Opinion in Plant Biology，10（3）：283–289.

GIOVANNONI J J，DELLAPENNA D，BENNETT A B，et al.，1989.Expression of a chimeric polygalacturonase gene in transgenic rin（ripening inhibitor）tomato fruit results in polyuronide degradation but not fruit softening[J]. The Plant Cell Online，1（1）：53–63.

GONZALEZ D，BOWEN A J，CARROLL TS，et al.，2007.The transcription corepressor LEUNIG Interacts with the histone deacetylase HDA19 and mediator components MED14（SWP）and CDK8（HEN3）to repress transcription[J]. Molecular and Cellular Biology，27（15）：5306–5315.

GRANDPERRET V，NICOLAS–FRANCES V，WENDEHENNE D，et al.，2014.Type–II histone deacetylases:elusive plant nuclear signal transducers[J]. Plant Cell and Environment，37（6）：1259–1269.

GRIFFITHS A，BARRY C，ALPUCHE–SOLIS A G，et al.，1999. Ethylene and developmental signals regulate expression of lipoxygenase genes during tomato fruit ripening[J]. Journal of Experimental Botany，50（335）：793–798.

GU X，JIANG D，YANG W，et al.，2011.Arabidopsis homologs of

retinoblastoma–associated protein 46/48 associate with a histone deacetylase to act redundantly in chromatin silencing[J]. Plos Genetics，7（11）e1002366.

HAIGIS M C，GUARENTE L P，2006.Mammalian sirtuins – emerging roles in physiology，aging，and calorie restriction[J]. Genes & Development，20（21）：2913–2921.

HALL B P，SHAKEEL S N，SCHALLER G E，2007.Ethylene receptors:ethylene perception and signal transduction[J]. Journal of Plant Growth Regulation，26（2）：118–130.

HAMILTON A J，LYCETT G W，GRIERSON D，1990.Antisense gene that inhibits synthesis of the hormone ethylene in transgenic plants[J]. Nature，346（6281）：284–287.

HAN Z，YU H，ZHAO Z，et al，2016.AtHD2D gene plays a role in plant growth，development，and response to abiotic stresses in arabidopsis thaliana[J]. Frontiers in Plant Science，7：114.

HAO Y，HU G，BREITEL D，et al，2015.Auxin response factor SLARF2 is an essential component of the regulatory mechanism controlling fruit ripening in tomato[J]. Plos Genetics，11（12）：105649.

HIRSCHBERG J，2001.Carotenoid biosynthesis in flowering plants[J]. Current Opinion in Plant Biology，4（3）：210–218.

HIWASA K，KINUGASA Y，AMANO S，et al.，2003.Ethylene is required for both the initiation and progression of softening in pear

(Pyrus communis L.) fruit[J]. Journal of Experimental Botany, 54 (383): 771–779.

HOERTENSTEINER S, 2006.Chlorophyll degradation during senescence[J]. In:Annual Review of Plant Biology, Annual Review of Plant Biology, 57: 55–77.

HOLLENDER C, LIU Z, 2008.Histone deacetylase genes in Arabidopsis development[J]. Journal of Integrative Plant Biology, 50 (7): 875–885.

HRISTOVA E, FAL K, KLEMME L, et al, 2015.Histone Deacetylase6 controls gene expression patterning and DNA methylation–independent euchromatic silencing[J]. Plant physiology, 168 (4): 1298–1308.

HU Y, QIN F, HUANG L, et al, 2009.Rice histone deacetylase genes display specific expression patterns and developmental functions[J]. Biochemical and Biophysical Research Communications, 388 (2): 266–271.

HU Z L, DENG L, CHEN X Q, et al., 2010.Co–suppression of the EIN2–homology gene LeEIN2 inhibits fruit ripening and reduces ethylene sensitivity in tomato[J]. Russian Journal of Plant Physiology, 57 (4): 554–559.

HUA J, SAKAI H, NOURIZADEH S, et al, 1998.EIN4 and ERS2 are members of the putative ethylene receptor gene family in Arabidopsis[J]. Plant Cell, 10 (8): 1321–1332.

ITAI A，ISHIHARA K，BEWLEY J D，2003.Characterization of expression，and cloning，of beta–D–xylosidase and alpha–L–arabinofuranosidase in developing and ripening tomato（Lycopersicon esculentum Mill.）fruit[J]. Journal of Experimental Botany，54（393）：2615–2622.

ITKIN M，SEYBOLD H，BREITEL D，et al，2009.Tomato agamous–like 1 is a component of the fruit ripening regulatory network[J]. Plant Journal，60（6）：1081–1095.

JIANG D，YANG W，HE Y，et al，2007.Arabidopsis relatives of the human lysine–specific demethylase1 repress the expression of FWA and FLOWERING LOCUS C and thus promote the floral transition[J]. Plant Cell，19（10）：2975–2987.

KAZAN K，2015.Diverse roles of jasmonates and ethylene in abiotic stress tolerance[J]. Trends in Plant Science，20（4）：219–229.

KIDNER C A，MARTIENSSEN R A，2004.Spatially restricted microRNA directs leaf polarity through ARGONAUTE1[J]. Nature，428（6978）：81–84.

KIEBER J J，ROTHENBERG M，ROMAN G，et al，1993. CTR1，A negative regulator of the ethylene response pathway in arabidopsis，encodes a member of the raf family of protein–kinases[J]. Cell，72（3）：427–441.

KIM J M，TO T K，SEKI M，2012.An epigenetic integrator:new insights into genome regulation，environmental stress responses and developmental controls by histone deacetylase 6[J]. Plant and Cell Physiology，53（5）：794–800.

KIM K C，LAI Z，FAN B，et al.，2008.Arabidopsis WRKY38 and WRKY62 transcription factors interact with histone deacetylase 19 in basal defense[J]. Plant Cell，20（9）：2357–2371.

KIM W，LATRASSE D，SERVET C，et al，2013.Arabidopsis histone deacetylase HDA9 regulates flowering time through repression of AGL19[J]. Biochemical and Biophysical Research Communications，432（2）：394–398.

KIMURA S，SINHA N，2008.Tomato（Solanum lycopersicum）：a model fruit–bearing crop[J]. CSH protocols，2008（12）：pdb. emo105.

KISHOR P B K，HONG Z L，MIAO G H，et al.，1995.Overexpression of delta–pyrroline–5–carboxylate synthetase increases proline production and confers osmotolerance in transgenic plants[J]. Plant physiology，108（4）：1387–1394.

KUANG J F，Chen J Y，LUO M，et al.，2012.Histone deacetylase HD2 interacts with ERF1 and is involved in longan fruit senescence[J]. Journal of Experimental Botany，63（1）：441–454.

LAGACE M，CHANTHA S C，MAJOR G，et al.，2003.Fertilization induces strong accumulation of a histone deacetylase（HD2）and of other chromatin–remodeling proteins in restricted areas of the ovules[J]. Plant Molecular Biology，53（6）：759–769.

LEE J M，JOUNG J G，MCQUINN R，et al，2012.Combined transcriptome，genetic diversity and metabolite profiling in tomato fruit reveals that the ethylene response factor SlERF6 plays an important role in ripening and carotenoid accumulation[J]. Plant Journal，70（2）：191–204.

LEE K，PARK O S，JUNG S J，et al.，2016.Histone deacetylation–mediated cellular dedifferentiation in Arabidopsis[J]. Journal of Plant Physiology，191：95–100.

LIM C J，KIM W B，LEE B S，et al.，2010.Silencing of SlFTR–c，the catalytic subunit of ferredoxin:thioredoxin reductase，induces pathogenesis–related genes and pathogen resistance in tomato plants[J]. Biochemical and Biophysical Research Communications，399（4）：750–754.

LINCOLN J E，FISCHER R L，1988.Regulation of gene–expression by ethylene in wild–type and rin tomato（lycopersicon–esculentum）fruit[J]. Plant physiology，88（2）：370–374.

LIU C，LI L C，CHEN W Q，et al.，2013a.HDA18 affects cell fate in arabidopsis root epidermis via histone acetylation at four kinase genes[J]. Plant Cell，25（1）：257–269.

LIU M，GOMES B L，MILA I，et al.，2016.Comprehensive profiling of ethylene response factor expression identifies ripening–associated erf genes and their link to key regulators of fruit ripening in tomato[J]. Plant physiology, 170 (3): 1732–1744.

Liu X, Chen C Y, Wang K C, et al.,2013b.Phytochrome interacting factor3 associates with the histone deacetylase HDA15 in repression of chlorophyll biosynthesis and photosynthesis in etiolated Arabidopsis Seedlings[J]. Plant Cell, 25 (4): 1258–1273.

LIU X, YANG S, ZHAO M, et al., 2014.Transcriptional repression by histone deacetylases in plants[J]. Molecular Plant, 7 (5): 764–772.

LIU X, YU C W, DUAN J, et al., 2012.HDA6 Directly interacts with DNA methyltransferase MET1 and maintains transposable element silencing in arabidopsis[J]. Plant physiology, 158 (1): 119–129.

LIVAK K J, SCHMITTGEN T D, 2001.Analysis of relative gene expression data using real–time quantitative PCR and the 2 (T) (–Delta Delta C) method[J]. Methods, 25 (4): 402–408.

LONG J A, OHNO C, SMITH Z R, et al., 2006.Topless regulates apical embryonic fate in arabidopsis[J]. Science, 312 (5779): 1520–1523.

LU C W, SHAO Y, LI L, et al., 2011.Overexpression of SlERF1 tomato gene encoding an ERF–type transcription activator enhances salt tolerance[J]. Russian Journal of Plant Physiology, 58 (1): 118–125.

LUO M, LIU X, SINGH P, et al, 2012a.Chromatin modifications and remodeling in plant abiotic stress responses[J]. Biochimica Et Biophysica Acta-Gene Regulatory Mechanisms, 1819 (2): 129-136.

LUO M, TAI R, YU C W, et al., 2015.Regulation of flowering time by the histone deacetylase HDA5 in Arabidopsis[J]. Plant Journal, 82 (6): 925-936.

LUO M, WANG Y Y, LIU X, et al, 2012b.HD2C interacts with HDA6 and is involved in ABA and salt stress response in arabidopsis[J]. Journal of Experimental Botany 63, (8): 3297-3306.

LUO M, YU C W, ChEN F F, et al, 2012c.Histone deacetylase HDA6 is functionally associated with AS1 in repression of KNOX Genes in arabidopsis[J]. Plos Genetics, 8 (12): e1003114.

LUSSER A, BROSCH G, LOIDL A, et al, 1997.Identification of Maize Histone Deacetylase HD2 as an Acidic Nucleolar Phosphoprotein[J]. Science, 277 (5322): 88-91.

MA N N, ZUO Y Q, LIANG X Q, et al, 2013.The multiple stress-responsive transcription factor SlNAC1 improves the chilling tolerance of tomato[J]. Physiologia Plantarum, 149 (4): 474-486.

MA N, FENG H, MENG X, et al, 2014.Overexpression of tomato SlNAC1 transcription factor alters fruit pigmentation and softening[J]. Bmc Plant Biology，169（9）：867–877.

MA X，ZHANG C，ZHANG B，et al，2016.Identification of genes regulated by histone acetylation during root development in populus trichocarpa[J]. Bmc Genomics，17（1）：96.

MANNING K，TOR M，POOLE M，et al.，2006.A naturally occurring epigenetic mutation in a gene encoding an SBP–box transcription factor inhibits tomato fruit ripening[J]. Nature Genetics，38（8）：948–952.

MATILE P，HORTENSTEINER S，THOMAS H，1999.Chlorophyll degradation[J]. Annual Review of Plant Physiology and Plant Molecular Biology，50:67–95.

MAUNDERS M J，HOLDSWORTH M J，SLATER A，et al.，1987. Ethylene stimulates the accumulation of ripening–related messenger–rnas in tomatoes[J]. Plant Cell and Environment，10（2）：177–184.

MCMURCHIE E J，MC GLASSON W B，EAKS I L，1972.Treatment of fruit with propylene gives information about biogenesis of ethylene[J]. Nature，237（5352）：235.

MELI V S，GHOSH S，PRABHA T N，et al，2010.Enhancement of fruit shelf life by suppressing N–glycan processing enzymes[J]. Proceedings of the National Academy of Sciences of the United States of America，107（6）：2413–2418.

MIEDES E，LORENCES E P，2009.Xyloglucan endotransglucosylase/

hydrolases (XTHs) during tomato fruit growth and ripening[J]. Journal of Plant Physiology, 166 (5): 489–498.

MOORE S, VREBALOV J, PAYTON P, et al., 2002.Use of genomics tools to isolate key ripening genes and analyse fruit maturation in tomato[J]. Journal of Experimental Botany, 53 (377): 2023–2030.

NAJAMI N, JANDA T, BARRIAH W, et al., 2008.Ascorbate peroxidase gene family in tomato:its identification and characterization[J]. Molecular Genetics and Genomics, 279 (2): 171–182.

NAKASHIMA K, TAKASAKI H, MIZOI J, et al., 2012. NAC transcription factors in plant abiotic stress responses[J]. Biochimica Et Biophysica Acta–Gene Regulatory Mechanisms, 1819 (2): 97–103.

NAKASHIMA K, TRAN L SP, VAN NGUYEN D, et al., 2007. Functional analysis of a NAC–type transcription factor OsNAC6 involved in abiotic and biotic stress–responsive gene expression in rice[J]. Plant Journal, 51 (4): 617–630.

NAKATSUKA A, MURACHI S, OKUNISHI H, et al., 1998. Differential expression and internal feedback regulation of 1–aminocyclopropane–1–carboxylate synthase, 1–aminocyclopropane–1–carboxylate oxidase, and ethylene receptor genes in tomato fruit during development and ripening[J].

Plant physiology, 118 (4): 1295–1305.

NICOT N, HAUSMAN J F, HOFFMANN L, et al., 2005. Housekeeping gene selection for real–time RT–PCR normalization in potato during biotic and abiotic stress[J]. Journal of Experimental Botany, 56 (421): 2907–2914.

OELLER P, LU M, TAYLOR L, et al., 1991.Reversible inhibition of tomato fruit senescence by antisense RNA[J]. Science 254 (5030): 437–439.

OETIKER J H, YANG S F, 1995. The role of ethylene in fruit ripening. in international society for horticultural science (ISHS) [J].Leuven, Belgium, (398): 167–178.

ORELLANA S, YANEZ M, ESPINOZA A, et al., 2010.The transcription factor SlAREB1 confers drought, salt stress tolerance and regulates biotic and abiotic stress–related genes in tomato[J]. Plant Cell and Environment, 33 (12): 2191–2208.

PAN IC, LI C W, SU R C, et al., 2010.Ectopic expression of an EAR motif deletion mutant of SlERF3 enhances tolerance to salt stress and Ralstonia solanacearum in tomato[J]. Planta, 232 (5): 1075–1086.

PAN Y, SEYMOUR G B, LU C, et al, 2012.An ethylene response factor (ERF5) promoting adaptation to drought and salt tolerance in tomato[J]. Plant Cell Reports, 31 (2): 349–360.

PANDEY R, MÜLLER A, NAPOLI C A, et al., 2002.Analysis

of histone acetyltransferase and histone deacetylase families of Arabidopsis thaliana suggests functional diversification of chromatin modification among multicellular eukaryotes[J]. Nucleic Acids Research，30（23）：5036–5055.

PECH J C，BOUZAYEN M，LATCHE A，2008.Climacteric fruit ripening:Ethylene–dependent and independent regulation of ripening pathways in melon fruit[J]. Plant Science，175（1–2）：114–120.

PERRELLA G，LOPEZ–VERNAZA M A，CARR C，et al.，2013. Histone Deacetylase Complex1 Expression Level Titrates Plant Growth and Abscisic Acid Sensitivity in Arabidopsis[J]. Plant Cell，25（9）：3491–3505.

PIRRELLO J，JAIMES–MIRANDA F，SANCHEZ–BALLESTA MT，et al.，2006.Sl–ERF2，a tomato ethylene response factor involved in ethylene response and seed germination[J]. Plant and Cell Physiology，47（9）：1195–1205.

PIRRELLO J，REGAD F，LATCHÉ A，et al.，2009.Regulation of tomato fruit ripening[J]. CAB Reviews Perspectives in Agriculture Veterinary Science Nutrition and Natural Resources，4（51）：1–14.

PROBST A V，FAGARD M，PROUX F，et al.，2004.Arabidopsis histone deacetylase HDA6 is required for maintenance of transcriptional gene silencing and determines nuclear organization of rDNA repeats[J]. Plant Cell, 16 (4): 1021–1034.

RONEN G, CARMEL–GOREN L, ZAMIR D, et al., 2000. An alternative pathway to beta–carotene formation in plant chromoplasts discovered by map–based cloning of Beta and old–gold color mutations in tomato[J]. Proceedings of the National Academy of Sciences of the United States of America, 97 (20): 11102–11107.

SATO S, TABATA S, HIRAKAWA H, et al., 2012.The tomato genome sequence provides insights into fleshy fruit evolution[J]. Nature, 485 (7400): 635–641.

SCOFIELD S, MURRAY J A H, 2006.KNOX gene function in plant stem cell niches[J]. Plant Molecular Biology, 60 (6): 929–946.

SHAKEEL S N, WANG X, BINDER B M, et al., 2013.Mechanisms of signal transduction by ethylene:overlapping and non–overlapping signalling roles in a receptor family[J]. Aob Plants 5.

SRIDHA S, WU K Q, 2006.Identification of AtHD2C as a novel regulator of abscisic acid responses in Arabidopsis[J]. Plant Journal, 46 (1): 124–133.

SU L C, DENG B, LIU S, et al., 2015.Isolation and characterization of an osmotic stress and ABA induced histone deacetylase in Arachis hygogaea[J]. Frontiers in Plant Science, 6: 433–446.

SUN L, SUN Y, ZHANG M, et al., 2012.Suppression of 9–cis–Epoxycarotenoid Dioxygenase, Which Encodes a Key Enzyme in

Abscisic Acid Biosynthesis, Alters Fruit Texture in Transgenic Tomato[J]. Plant physiology, 158（1）: 283–298.

TAKASAKI H, MARUYAMA K, KIDOKORO S, et al., 2010.The abiotic stress-responsive NAC-type transcription factor OsNAC5 regulates stress-inducible genes and stress tolerance in rice[J]. Molecular Genetics and Genomics, 284（3）: 173–183.

TANAKA M, KIKUCHI A, KAMADA H, 2008.The arabidopsis histone deacetylases HDA6 and HDA19 contribute to the repression of embryonic properties after germination[J]. Plant physiology, 146（1）: 149–161.

TANG Y, LIU M, GAO S, et al., 2012.Molecular characterization of novel TaNAC genes in wheat and overexpression of TaNAC2a confers drought tolerance in tobacco[J]. Physiologia Plantarum, 144（3）: 210–224.

TESSADORI F, Van ZANTEN M, PAVLOVA P, et al., 2009. Phytochrome b and histone deacetylase 6 control light-induced chromatin compaction in arabidopsis thaliana[J]. Plos Genetics, 5（9）: e1000638.

THINES B, KATSIR L, MELOTTO M, et al., 2007.JAZ repressor proteins are targets of the SCFCO11 complex during jasmonate signalling[J]. Nature, 448（7154）: 661–U662.

TIAN L, CHEN Z J, 2001.Blocking histone deacetylation in Arabidopsis induces pleiotropic effects on plant gene regulation and development[J]. Proceedings of the National Academy of Sciences of the United States of America, 98 (1): 200–205.

TIAN L, FONG M P, WANG J Y J, et al., 2005.Reversible histone acetylation and deacetylation mediate genome–wide, promoter–dependent and locus–specific changes in gene expression during plant development[J]. Genetics, 169 (1): 337–345.

TIAN L, WANG J L, FONG M P, et al., 2003.Genetic control of developmental changes induced by disruption of Arabidopsis histone deacetylase 1 (AtHD1) expression[J]. Genetics, 165 (1): 399–409.

TIGCHELAAR EC, TOMES ML, KERR EA, et al., 1973.A new fruit ripening mutant, non–ripening (nor), 35: 20.

THOMPSON A J, 1999. Molecular and genetic characterization of a novel pleiotropic tomato–ripening mutant[J]. PLANT PHYSIOLOGY, 120 (2): 383–390.

TO T K, KIM J M, MATSUI A, et al., 2011a.Arabidopsis HDA6 regulates locus–directed heterochromatin silencing in cooperation with MET1[J]. PLOS Genetics, 7 (4): e1002055.

TO TK, NAKAMINAMI K, KIM J–M, et al., 2011b.Arabidopsis HDA6 is required for freezing tolerance[J]. Biochemical and Biophysical Research Communications, 406 (3): 414–419.

TRAN LSP, NAKASHIMA K, SAKUMA Y, et al., 2004.Isolation and functional analysis of Arabidopsis stress–inducible NAC transcription factors that bind to a drought-responsive cis-element in the early responsive to dehydration stress 1 promoter[J]. Plant Cell, 16（9）: 2481-2498.

UENO Y, ISHIKAWA T, WATANABE K, et al., 2007.Histone deacetylases and asymmetric leaves2 are involved in the establishment of polarity in leaves of arabidopsis[J]. Plant Cell, 19（2）: 445-457.

VAN ZANTEN M, ZOELL C, WANG Z, et al., 2014.Histone deacetylase 9 represses seedling traits in arabidopsis thaliana dry seeds[J]. Plant Journal, 80（3）: 475-488.

VENTURELLI S, BELZ R G, KAEMPER A, et al., 2015.Plants release precursors of histone deacetylase inhibitors to suppress growth of competitors[J]. Plant Cell, 27（11）: 3175-3189.

VREBALOV J, PAN I L, ARROYO A J M, et al., 2009.Fleshy fruit expansion and ripening are regulated by the tomato shatterproof gene TAGL1[J]. Plant Cell, 21（10）: 3041-3062.

VREBALOV J, RUEZINSKY D, PADMANABHAN V, et al., 2002.A MADS-box gene necessary for fruit ripening at the tomato ripening-inhibitor（Rin）locus[J]. Science, 296（5566）: 343-346.

WANG J, CHEN G, HU Z, et al., 2007.Cloning and characterization of the EIN2-homology gene LeEIN2 from tomato[J]. DNA Sequence, 18（1）: 33-38.

WANG K L C, LI H, ECKER J R, 2002.Ethylene biosynthesis and signaling networks[J]. Plant Cell, 14:S131–S151.

WANG Z, CAO H, CHEN F, et al., 2014.The roles of histone acetylation in seed performance and plant development[J]. Plant Physiology and Biochemistry, 84:125–133.

WANG Z, CAO H, SUN Y, et al., 2013.Arabidopsis paired Amphipathic helix Proteins SNL1 and SNL2 redundantly regulate primary seed dormancy via abscisic acid–ethylene antagonism mediated by histone deacetylation[J]. Plant Cell, 25(1): 149–166.

WATERBORG J H, 2002.Dynamics of histone acetylation in vivo[J]. A function for acetylation turnover? Biochemistry and Cell Biology, 80(3): 363–378.

WATERBORG J H, 2011.Plant histone acetylation:In the beginning[J]. Biochimica Et Biophysica Acta–Gene Regulatory Mechanisms, 1809(8): 353–359.

WILKINSON J Q, LANAHAN M B, YEN H C, et al., 1995.An ethylene– inducible component of signal–transduction encoded by never–ripe[J]. Science, 270(5243): 1807–1809.

WU K, ZHANG L, ZHOU C, et al., 2008.HDA6 is required for jasmonate response, senescence and flowering in Arabidopsis[J]. Journal of Experimental Botany, 59(2): 225–234.

XU J, XU H, LIU Y, et al., 2015.Genome–wide identification of sweet orange (citrus sinensis) histone modification gene families and their expression analysis during the fruit development and fruit-blue mold infection process[R]. Frontiers in Plant Science: 6.

XU R L, GOLDMAN S, COUPE S, et al., 1996.Ethylene control of E4 transcription during tomato fruit ripening involves two cooperative cis elements[J]. Plant Molecular Biology, 31 (6): 1117-1127.

YANEZ M, CACERES S, ORELLANA S, et al., 2009.An abiotic stress-responsive bZIP transcription factor from wild and cultivated tomatoes regulates stress-related genes[J]. Plant Cell Reports, 28 (10): 1497-1507.

YANG H, LIU X, XIN M, et al., 2016.Genome-wide mapping of targets of maize histone deacetylase HDA101 reveals its function and regulatory mechanism during seed development[J]. Plant Cell, 28 (3): 629-645.

YANG S F, HOFFMAN N E, 1984.Ethylene biosynthesis and its regulation in higher-plants[J]. Annual Review of Plant Physiology and Plant Molecular Biology, 35:155-189.

YANG X J, SETO E, 2007.HATs and HDACs:from structure, function and regulation to novel strategies for therapy and prevention[J]. Oncogene, 26 (37): 5310-5318.

YANO R, TAKEBAYASHI Y, NAMBARA E, et al., 2013. Combining association mapping and transcriptomics identify

HD2B histone deacetylase as a genetic factor associated with seed dormancy in Arabidopsis thaliana[J]. Plant Journal, 74 (5): 815–828.

YU C W, LIU X, LUO M, et al., 2011.Histone deacetylase6 Interacts with flowering locus d and regulates flowering in arabidopsis[J]. Plant physiology, 156 (1): 173–184.

YUAN L, LIU X, LUO M, et al., 2013.Involvement of Histone Modifications in Plant Abiotic Stress Responses[J]. Journal of Integrative Plant Biology, 55 (10): 892–901.

ZHANG C, LIU J, ZHANG Y, et al., 2011.Overexpression of SlGMEs leads to ascorbate accumulation with enhanced oxidative stress, cold, and salt tolerance in tomato[J]. Plant Cell Reports, 30 (3): 389–398.

ZHANG H, LU Y, ZHAO Y, et al., 2016.OsSRT1 is involved in rice seed development through regulation of starch metabolism gene expression[J]. Plant Science, 248:28–36.

ZHANG S, ZHAN X, XU X, et al., 2015.Two domain-disrupted hda6 alleles have opposite epigenetic effects on transgenes and some endogenous targets[R]. Scientific reports: 5.

ZHANG Z, HUANG R, 2010.Enhanced tolerance to freezing in tobacco and tomato overexpressing transcription factor TERF2/LeERF2 is modulated by ethylene biosynthesis[J]. Plant Molecular Biology, 73 (3): 241–249.

ZHAO J, LI M, GU D, et al., 2016.Involvement of rice histone deacetylase HDA705 in seed germination and in response to ABA and abiotic stresses[J]. Biochemical and Biophysical Research Communications, 470 (2): 439–444.

ZHAO J, ZHANG J, WEI Z, et al., 2014.Expression and functional analysis of the plant-specific histone deacetylase HDT701 in rice[J]. Frontiers in Plant Science, 5: 764.

ZHAO J, ZHANG J, ZHANG W, et al., 2015.Expression and functional analysis of the plant-specific histone deacetylase HDT701 in rice. Frontiers in Plant Science 5: 764.

ZHAO L, LU J, ZHANG J, et al., 2014a.Identification and characterization of histone deacetylases in tomato (Solanum lycopersicum) [J]. Frontiers in plant science, 5: 760–760.

ZHAO M, LIU W, XIA X, et al., 2014b.Cold acclimation-induced freezing tolerance of Medicago truncatula seedlings is negatively regulated by ethylene[J]. Physiologia Plantarum, 152 (1): 115–129.

ZHENG Y, DING Y, SUN X, et al., 2016.Histone deacetylase HDA9 negatively regulates salt and drought stress responsiveness in arabidopsis[J]. Journal of Experimental Botany, 67 (6): 1703–1713.

ZhOU CH, ZHANG L, DUAN J, et al., 2005.Histone deacetylase19 is involved in jasmonic acid and ethylene signaling of pathogen response in arabidopsis[J]. Plant Cell，17（4）：1196–1204.

ZhOU Y，TAN B，LUO M，et al.，2013.Histone deacetylase19 interacts with HSL1 and participates in the repression of Seed Maturation Genes in Arabidopsis Seedlings[J]. Plant Cell,25（1）：134–148.

ZHU M，CHEN G，ZHOU S，et al.，2014.A new tomato NAC（NAM/ATAF1/2/CUC2）transcription Factor，SlNAC4，functions as a positive regulator of fruit Ripening and carotenoid accumulation[J]. Plant and Cell Physiology，55（1）：119–135.

ZHU Z，AN F，FENG Y，et al.，2011.Derepression of ethylene–stabilized transcription factors（EIN3/EIL1）mediates jasmonate and ethylene signaling synergy in arabidopsis[J]. Proceedings of the National Academy of Sciences of the United States of America，108（30）：12539–12544.